"十二五"职业教育国家规划教材

经全国职业教育教材审定委员会审定

数控车削加工技术与综合实训

（华中、广数、SIEMENS系统）

主　编　黄云林　刘尚华

副主编　李铁君　蒋　伟　张海娟

参　编　查正卫　邵长文　丁美龙

　　　　丁兆久　李小龙　胡绪林

主　审　王　诚

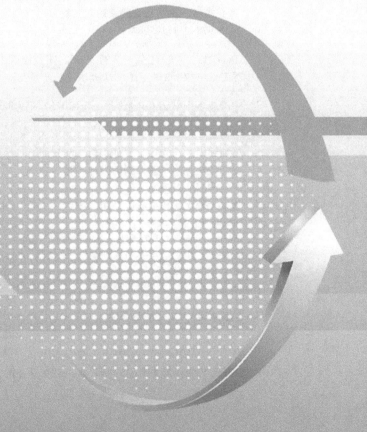

机械工业出版社

CHINA MACHINE PRESS

本书是经全国职业教育教材审定委员会审定的"十二五"职业教育国家规划教材，是根据教育部于2014年公布的《中等职业学校数控技术应用专业教学标准》，同时参考数控车工（中级、高级）职业资格标准编写的。本书将目前使用广泛的华中系统、广数系统和SIEMENS系统同时对比介绍，便于学生区分，利于学生理解和记忆；在结构上，本书按照数控车削加工元素的特征，按照由简到难、由浅入深的顺序，设计了一系列的知识点或任务，使学生在任务的驱动下学习数控车床的编程与操作的理论和技能。本书包括4个单元，介绍了数控车削加工基础、数控车削加工技能与操作、数控车削综合实训及数控车削考级与提升等内容。

本书可作为中等职业学校数控技术应用专业的教材，也可作为相关岗位培训教材。

为便于教学，本书配套有助教课件等教学资源。选择本书作为教材的教师可来电（010-88379358）索取，或登录www.cmpedu.com网站，注册、免费下载。

图书在版编目（CIP）数据

数控车削加工技术与综合实训：华中、广数、SIEMENS系统/黄云林，刘尚华主编. —北京：机械工业出版社，2015.6（2023.8重印）
"十二五"职业教育国家规划教材
ISBN 978-7-111-50821-2

Ⅰ.①数… Ⅱ.①黄…②刘… Ⅲ.①数控机床-车床-车削-加工工艺-中等专业学校-教材 Ⅳ.①TG519.1

中国版本图书馆CIP数据核字（2015）第154505号

机械工业出版社（北京市百万庄大街22号 邮政编码100037）
策划编辑：汪光灿 责任编辑：汪光灿
责任校对：赵 蕊 封面设计：张 静
责任印制：单爱军
北京虎彩文化传播有限公司印刷
2023年8月第1版第7次印刷
184mm×260mm·11.75印张·289千字
标准书号：ISBN 978-7-111-50821-2
定价：35.00元

电话服务 网络服务
客服电话：010-88361066 机 工 官 网：www.cmpbook.com
010-88379833 机 工 官 博：weibo.com/cmp1952
010-68326294 金 书 网：www.golden-book.com
封底无防伪标均为盗版 机工教育服务网：www.cmpedu.com

前　言

本书是根据教育部《关于中等职业教育专业技能课教材选题立项的函》(教职成司［2012］95号)，由全国机械职业教育教学指导委员会和机械工业出版社联合组织编写的"十二五"职业教育国家规划教材，是根据教育部于2014年公布的《中等职业学校数控技术应用专业教学标准》，同时参考数控车工（中级、高级）职业资格标准编写的。

本书主要介绍数控车削常见零件的加工，强调培养学生的编程与加工工艺安排的能力。本书在编写过程中力求体现以下特色。

1. 执行新标准　本书依据最新教学标准和课程大纲要求，对接职业标准和岗位需求，密切联系企业生产实际。

2. 体现新模式　本书采用理实一体化的编写模式，边练习边学习，由理论转化为实践，再由实践证明理论，突出"做中教，做中学"的职业教育特色。

3. 突出新工艺　本书注重加工工艺的合理安排，力求通过新工艺方法保证零件加工精度以及表面质量。

全书共4个单元，由安徽省马鞍山工业学校黄云林、刘尚华任主编王诚任主审。马鞍山工业学校李铁君、蒋伟、张海娟任副主编，参加编写的有安徽科技贸易学校查正卫，安徽机械工业学校邵长文，宣城市工程学校丁美龙，安庆市第一职教中心丁兆久、胡绪林，阜阳工业经济学校李小龙。本书经全国职业教育教材审定委员会审定，评审专家对本书提出了宝贵的建议，在此对他们表示衷心的感谢！编写过程中，编者参阅了国内外出版的有关教材和资料，在此一并表示衷心感谢！

由于编者水平有限，书中不妥之处在所难免，恳请读者批评指正。

编　者

目　录

单元一

数控车削加工基础

课题一　数控车床简介

【课题描述】

数控技术是制造业实现自动化、柔性化、集成化生产的基础。本课题将介绍数控机床的产生和发展，数控车床的加工对象，以及数控车床的安装、调试、检测和验收。

【课题重点】

- 数控机床的基本知识。
- 数控机床的分类、特点及加工对象。
- 数控车床的安装、调试、检测和验收。

知识一　认识数控机床

【知识目标】

- 了解数控的定义。
- 了解数控机床的产生和发展。
- 了解数控机床的加工特点。

【知识链接】

一、数控的定义

数控（Numerical Control，NC）技术是指用数字、文字和符号组成的数字指令来实现一台或多台机械设备动作控制的技术。数控一般是采用通用或专用计算机实现数字程序控制，因此数控也称为计算机数控（Computerized Numerical Control），CNC。CNC 使用内部微处理器（即计算机）操作程序。计算机含有储存各种程序的存储器，这些程序用来处理逻辑操作。零件编程员和机床操作员可以通过控制系统自身（在机床上）来修改程序。CNC 程序和逻辑操作作为软件指令存储在专用的计算机芯片上，而不是用硬件连接方式来控制逻辑操作。

由于现代数控系统都采用了计算机，因此可以认为 NC 和 CNC 是等同的。

二、数控机床的产生和发展

数控机床（Numerical Control Machine Tools）是用数字代码形式的信息（程序指令），控制刀具按给定的工作程序、运动速度和轨迹进行自动加工的机床。数控机床是在机械制造技术和控制技术的基础上发展起来的，其过程大致如下：

1948 年，美国帕森斯公司接受美国空军委托，研制直升机螺旋桨叶片轮廓检验用样板的加工设备。由于样板形状复杂多样，精度要求高，一般加工设备难以适应，于是提出采用数字脉冲控制机床的设想。1949 年，该公司与美国麻省理工学院（MIT）开始共同研究，并于 1952 年试制成功第一台 3 坐标数控铣床，当时的数控装置采用电子管元件。1959 年，数控装置采用了晶体管元件和印制电路板，出现带自动换刀装置的数控机床，称为加工中心（Machining Center，MC），使数控装置进入到第二代。1965 年，出现了第三代的集成电路数控装置，不仅体积小，功率消耗少，且可靠性提高，价格进一步下降，促进了数控机床品种和产量的发展。20 世纪 60 年代末，先后出现了由一台计算机直接控制多台机床的直接数控系统（简称 DNC），又称群控系统，和采用小型计算机控制的计算机数控系统（简称 CNC），使数控装置进入了以小型计算机化为特征的第四代。1974 年，研制成功使用微处理器和半导体存储器的微型计算机数控装置（简称 MNC），这是第五代数控系统。20 世纪 80 年代初，随着计算机软、硬件技术的发展，出现了能进行人机对话式自动编制程序的数控装置，数控装置日趋小型化，可以直接安装在机床上。数控机床的自动化程度进一步提高，具有自动监控刀具磨损和自动检测工件等功能。20 世纪 90 年代后期，出现了 PC + CNC 智能数控系统，即以个人计算机为控制系统的硬件部分，在个人计算机上安装 NC 软件系统，此种方式系统维护方便，易于实现网络化制造。

三、数控加工的特点

（1）加工精度高　数控机床是按数字指令进行加工的。目前，数控机床的脉冲当量普遍达到了 0.001mm，且进给传动的反向间隙以及丝杠螺距误差等可由数控装置进行补偿，数控机床的加工精度由过去的 ±0.01mm 提高到 ±0.001mm。数控机床的传动系统与机床结构都具有较高的刚性和热稳定性，因而加工精度高。数控机床的加工方式避免了人为干扰因素，同一批零件的尺寸一致性好，合格率高，加工质量稳定。

（2）对加工对象的适应性强　在数控机床上更换加工零件时，只需要重新编写或更换程序就能实现对新零件的加工，从而对结构复杂的单件、小批量生产和新产品试制提供了极大的方便。

（3）自动化程度高，劳动强度低　数控机床对零件的加工是按事先编制的程序自动完成的，操作者除了操作键盘、装卸工件、关键工序的中间检测及观察外，不需要进行其他手工劳动，劳动强度大大减轻。另外，数控机床一般都具有较好的安全防护、自动排屑、自动冷却、自动润滑等装置，劳动条件大为改善。

（4）生产率高　数控机床主轴转速和进给量的变化范围较大，因此在每道工序上都可选用最有利的切削用量。由于数控机床的结构刚性好，因此允许采用大切削用量的强力切削，这就提高了数控机床的切削效率，节省了加工时间。另外，数控机床的空行程速度快，工件装夹时间短，刀具自动更换，从而节省了辅助时间；数控机床加工质量稳定，一般只作首件检查或中间抽检，节省了停车检验时间。一台机床可实现多道工序的连续加工，生产率明显提高。

（5）经济效益显著　数控机床加工一般是不需要制造专用工夹具，节省了工艺装备费用。数控机床加工精度稳定，废品率下降，使得生产成本降低。此外，数控机床可实现一人多机、一机多用，节省了厂房面积和建厂投资。

（6）有利于现代化管理　在数控机床上，零件的加工时间可由数控装置精确计数，相同工件加工时间一致，因而工时和工时费用可精确估计，有利于精确编制生产进度表，均衡生产，取得更高的效益。数控机床使用数字信息及标准接口、标准代码输入，可实现计算机联网，成为计算机辅助设计（CAD）、计算机辅助制造（CAM）及管理一体化的基础。

知识二　数控机床的组成、特点、工作原理及加工对象

【知识目标】

- ⊃ 了解数控机床的组成和结构特点。
- ⊃ 了解数控机床的工作原理。
- ⊃ 了解数控车床的加工对象。

【知识链接】

一、数控机床的组成、特点和工作原理

1. 数控机床的组成

数控机床一般由输入/输出设备、数控装置（或称 CNC 单元）、伺服单元、驱动装置（或称执行机构）、可编程序控制器（PLC）及电气控制装置、辅助装置、机床本体及测量反馈装置组成。图 1-1 所示是数控机床的组成框图。

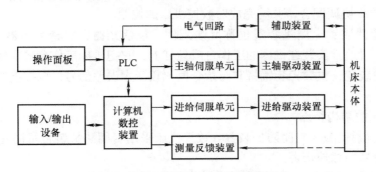

图 1-1　数控机床的组成框图

（1）机床本体　数控机床的机床本体与传统机床相似，由主轴传动装置、进给传动装置、床身、工作台以及辅助运动装置、液压气动系统、润滑系统、冷却装置等组成。但数控

机床在整体布局、外观造型、传动系统、刀具系统的结构以及操作机构等方面都已发生了很大的变化，这种变化的目的是为了满足数控机床的要求和充分发挥数控机床的特点。

（2）数控装置（CNC单元） 数控装置是数控机床的核心，由信息的输入、处理和输出三个部分组成。数控装置接受数字化信息，经过数控装置的控制软件和逻辑电路进行译码、插补、逻辑处理后，将各种指令信息输出给伺服系统，伺服系统驱动执行部件作进给运动。

（3）输入/输出设备 输入设备将各种加工信息输入给数控装置。在数控机床产生初期，输入设备为穿孔纸带，现已淘汰，后发展出盒式磁带，再发展成键盘、磁盘等便携式硬件，极大方便了信息输入工作。现通用DNC网络串行通信的方式输入。

输出指输出内部工作参数（含机床正常、理想工作状态下的原始参数，故障诊断参数等）。一般在机床开始工作时需输出这些参数作记录保存，待工作一段时间后，再将输出与原始资料作比较、对照，可帮助判断机床工作是否维持正常。

（4）伺服单元 伺服单元由驱动器、驱动电动机组成，并与机床上的执行部件和机械传动部件组成数控机床的进给系统。它的作用是把来自数控装置的脉冲信号转换成机床移动部件的运动。对于步进电动机来说，每一个脉冲信号使电动机转子转过一个角度，进而带动机床移动部件移动一个微小距离。每个进给运动的执行部件都有相应的伺服驱动系统，整个机床的性能主要取决于伺服系统。

（5）驱动装置 驱动装置把经放大的指令信号变为机械运动，通过简单的机械连接部件驱动机床，使工作台精确定位或按规定的轨迹作严格的相对运动，最后加工出图样所要求的零件。和伺服单元相对应，驱动装置有步进电动机、直流伺服电动机和交流伺服电动机等。

伺服单元和驱动装置可合称为伺服驱动系统，它是机床工作的动力装置，数控装置的指令要靠伺服驱动系统付诸实施，所以，伺服驱动系统是数控机床的重要组成部分。

（6）可编程序控制器 可编程序控制器（Programmable Controller，PC）是一种以微处理器为基础的通用型自动控制装置，专为在工业环境下应用而设计。由于最初研制这种装置的目的是为了解决生产设备的逻辑及开关控制，故把称它为可编程序逻辑控制器（Programmable Logic Controller，PLC）。当PLC用于控制机床顺序动作时，也可称之为可编程序机床控制器（Programmable Machine Tool Controller，PMC）。PLC已成为数控机床不可缺少的控制装置。数控和PLC协调配合，共同完成对数控机床的控制。

（7）测量反馈装置 测量装置也称反馈元件，包括光栅、旋转编码器、激光测距仪、磁栅等。测量装置通常安装在机床的工作台或丝杠上，它把机床工作台的实际位移转变成电信号反馈给数控装置，供数控装置将其与指令值比较产生误差信号，以控制机床向消除该误差的方向移动。

2. 数控机床的结构特点

1）采用了全封闭或半封闭防护装置。数控机床采用封闭防护装置可防止切屑或切削液飞出给操作者带来的意外伤害。

2）采用自动排屑装置。例如数控车床大都采用斜床身结构布局，排屑方便，便于采用自动排屑装置。

3）采用高性能的无级变速主轴伺服传动系统，简化了机械传动结构。

4）采用"三刚"（即静刚性、动刚性、热刚性）都较好的机床支承构件。

5）采用效率、刚性和精度等各方面好的传动元件，如滚珠丝杠螺母副、静压蜗杆副，以及塑料滑动导轨、滚动导轨、静压导轨等。

6）采用多主轴、多刀架结构以及刀具与工件的自动夹紧装置、自动换刀装置和自动排屑装置、自动润滑冷却装置等，以改善劳动条件，提高生产率。

7）采取减小机床热变形的措施，保证机床的精度稳定，获得可靠的加工质量。

3. 数控加工的工作原理

在数控机床上，传统加工过程的人工操作被数控装置的自动控制所取代，其工作过程为：首先，将被加工零件的几何信息、工艺信息数字化（包括刀具与工件的相对运动轨迹、主轴转速、背吃刀量、切削液的开关、工件和刀具的交换等控制操作），按规定的格式和代码编程，然后将该程序输入到数控系统；数控系统对加工程序作一系列的处理，然后发出控制指令，驱动机床主轴运动、进给运动及辅助运动，并使其相互协调完成零件的加工。

（1）输入　给数控系统输入的有零件加工程序、控制参数和补偿数据等。

（2）译码　输入的程序段含有零件的轮廓信息（起点、终点、直线或圆弧等）、要求的加工速度以及其他的辅助信息（进给速度、主轴转速、G 代码、M 代码、刀具号、子程序的调用和处理等），计算机依靠译码程序来识别这些代码，将加工程序翻译成计算机内部能识别数据格式。

（3）刀补处理　为了方便编程及加工调整，现在的数控机床均具有刀具位置补偿和刀具半径补偿功能。

（4）插补运算　计算机产生刀具轨迹的过程称为插补，即根据给定的曲线类型（如直线、圆弧或高次曲线）、起点、终点以及速度，在起点和终点之间进行数据点的密化。

计算机数控系统的插补功能主要由软件来实现。目前插补方法有两种类型：一是基准脉冲插补，它的特点是每次插补运算结束产生一个进给脉冲；二是数据采样插补，它的特点是插补运算在每个插补周期进行一次，根据指令进给速度计算出一个微小的直线数据段。

（5）PLC 控制　对数控机床的控制分为"轨迹控制"和"顺序控制"。前者指对机床各坐标轴的速度和位置控制；后者指在数控机床运行过程中，以数控装置和机床 PLC 控制即"顺序控制"或"逻辑控制"。

综上所述，数控加工原理就是预先编好的加工程序以数据的形式输入数控系统，数控系统通过译码、刀补处理、插补运算等数据处理和 PLC 协调控制，实现对机床成形运动的控制，最终实现自动化加工。

二、数控车床加工的主要对象

数控车削是数控加工中用得最多的加工方法之一。由于数控车床具有加工精度高、能作直线和圆弧插补，还有部分车床数控装置具有某些非圆曲线插补功能以及在加工过程中能自动变速等特点，因此其工艺范围较普通车床宽得多。针对数控车床的特点，下列几种零件最适合数控车削加工。

（1）精度要求高的回转体零件　由于数控车床刚性好，加工精度高，以及能方便和精确地进行补偿，所以能加工尺寸精度要求较高的零件。此外，数控车削的刀具运动是通过高精度插补运算和伺服驱动来实现的，所以它能加工对直线度、圆度、圆柱度等形状精度要求高的零件。对于圆弧以及其他曲线轮廓，加工出的形状与图样上所要求的几何形状的接近程度比用仿形车床要高得多。

（2）表面粗糙度值要求小的回转体零件　数控车床能加工出表面粗糙度值小而均匀的零件。在材质、精车余量和刀具已选定的情况下，表面粗糙度取决于进给量和切削速度。在普通车床上车削锥面和端面时，由于转速是恒定的，致使车削后的表面粗糙度值不一致，只有某一直径处的表面粗糙度值最小。使用数控车床的恒线速切削功能，就可选用最佳线速度来切削锥面和端面，使车削后的表面粗糙度值既小又一致。数控车床还适合于车削各部位表面粗糙度要求不同的零件。表面粗糙度值要求大的部位选用大的进给量，要求小的部位选用小的进给量。

（3）轮廓形状特别复杂或难以控制尺寸的回转体零件　由于数控车床具有直线和圆弧插补功能，部分车床数控装置还有某些非圆曲线插补功能，所以可以车削以任意直线和平面曲线为轮廓的回转体零件。难以控制尺寸的零件如具有封闭内腔的成形面的壳体零件。零件轮廓曲线可以是数学方程式描述的曲线，也可以是列表曲线。对于由直线或圆弧构成的轮廓，直接利用机床的直线或圆弧插补功能。对于由非圆曲线构成的轮廓，可以用非圆曲线插补功能；若所选机床没有非圆插补功能，则应用直线或圆弧去逼近。

（4）带特殊螺纹的回转体零件　普通车床所能车削的螺纹相当有限，它只能车等导程的直、锥面米、寸制螺纹，而且一台车床只能限定加工若干种导程的螺纹。数控车床不但能车削任何等导程的直、锥面螺纹和端面螺纹，而且能车增导程、减导程及要求等导程与变导程之间平滑过渡的螺纹，还可以车高精度的模数螺旋零件（如圆柱、圆弧蜗杆）和端面（盘形）螺旋零件等。数控车床还可以配备精密螺纹切削功能，再加上一般采用硬质合金成形刀具以及可以使用较高的转速，所以车削出来的螺纹精度高，表面粗糙度值小。

【知识拓展】

数控车床品种繁多，规格不一，可按如下方法进行分类。

1. 按车床主轴位置分类

（1）卧式数控车床（图1-2）　卧式数控车床又分为数控水平导轨卧式车床和数控倾斜导轨卧式车床。倾斜导轨结构可以使车床具有更大的刚性，并易于排除切屑。

图1-2　卧式数控车床

（2）立式数控车床（图1-3）　立式数控车床简称为数控立车，其车床主轴垂直于水平面，一个直径很大的圆形工作台用来装夹工件。这类机床主要用于加工径向尺寸大、轴向尺寸相对较小的大型复杂零件。

图1-3　立式数控车床

2. 按刀架数目分类

（1）单刀架数控车床（图1-4）　数控车床一般都配置有各种形式的单刀架，如四工位卧动转位刀架或多工位转塔式自动转位刀架。

图1-4　单刀架数控车床

（2）双刀架数控车床（图1-5）　这类车床的双刀架配置平行分布，也可以是相互垂直分布。

3. 按功能分类

（1）经济型数控车床（图1-6）　采用步进电动机和单片机对普通车床的进给系统进行改造后形成的简易型数控车床，成本较低，自动化程度和功能都比较差，车削加工精度也不高，适用于要求不高的回转体零件的车削加工。

（2）普通数控车床（图1-7）　普通数控车床是根据车削加工要求在结构上进行专门设计并配备通用数控系统而形成的数控车床，数控系统功能强，自动化程度和加工精度也比较高，适用于一般回转体零件的车削加工。这种数控车床可同时控制2个坐标轴，即X轴和Z轴。

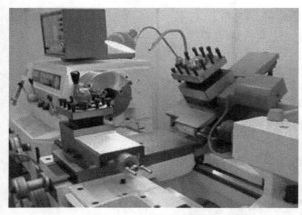

图1-5　双刀架数控车床

图1-6　经济型数控车床

（3）车削加工中心（图1-8）　车削加工中心在普通数控车床的基础上，增加了C轴和铣削动力头，是更高级的数控车床，带有刀库，可控制X、Z和C 3个坐标轴，联动控制轴可以是X、Z，X、C或Z、C。由于增加了C轴和铣削动力头，这种数控车床的加工功能大大增强，除可以进行一般车削外，还可以进行径向和轴向铣削、曲面铣削、中心线不在零件回转中心的孔和径向孔的钻削等加工。

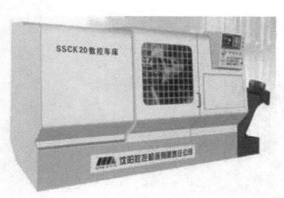

图1-7　普通数控车床

图1-8　车削加工中心内部示意图

知识三　数控车床的安装、调试、检测与验收

【知识目标】

◯ 了解数控车床的安装步骤。
◯ 了解数控车床的调试内容。
◯ 了解数控车床的精度检验和功能检验。

【知识链接】

良好的工作环境是数控车床工作可靠的必要保证，如车间的温度、湿度及清洁度等。同时为了安全和减小电磁干扰，数控车床要可靠接地，并且接地电阻不小于5~7Ω。安装与调

试的失误会直接造成数控车床精度降低，故障率增加。

一、数控车床的安装

1. 安装地基和环境

地基平面尺寸应大于机床支承面积的外廓尺寸，并考虑安装、调整和维修所需尺寸。机床旁应留有足够的工件运输和存放空间，机床与机床、机床与墙壁之间应留有足够的通道。机床的安装位置应远离焊机、高频机械等各种干扰源。避免阳光照射和热辐射，环境温度应控制在 0~45℃，相对湿度在 90% 左右。机床不能安装在有粉尘的车间里，并要避免酸腐蚀气体的侵蚀。

2. 安装步骤

（1）搬运及拆箱　数控车床吊运应单箱吊装。用滚子搬运时，滚子直径以 70~80mm 为宜，地面斜坡度不得大于 15°。

（2）定位　机床的起吊应严格按说明书上的吊装图进行。

（3）找平　将数控车床放置于地基上，在自由状态下按机床说明书的说明调整好，然后将地脚螺栓均匀锁紧。找正基面要在机床的主要工作面上进行。

（4）清洗和连接　清理各连接面、各运动面上的防锈涂料。要用浸有清洗剂的棉布或绸布清理。

二、数控车床的调试

1. 通电试车

数控车床通电试车调整包括粗调数控车床的几何精度与通电试运转，其目的是考核数控车床的基础及安装的可靠性，考核数控车床的各机械传动、电气控制、润滑、液压和气动系统是否正常可靠。通电试车前应擦除各导轨及滑动面上的防锈油，并涂上一层干净的润滑油。

2. 数控车床通电试车前应检查内容

1）检查数控车床与电气柜的外观。数控车床与电气柜外部是否有明显碰撞痕迹，显示器是否固定如初，有无碰撞，数控车床操作面板是否碰伤，电气柜内部插头是否松脱，紧固螺钉是否松脱，有无悬空未接的线。

2）粗调数控车床的主要几何精度。

3）安装前期工作完成后，再安装数控车床及其机械部分。

厂家与用户商定确认电气柜、吊挂放置位置以及现场布线方案后，确定数控车床外部线（电气柜至数控车床各部分电器连线，电气柜至伺服电动机的电源线、编码器线等）的长度，然后开始进行布线、焊线、接线等安装前期工作。与此同时，可同步进行机械部分的安装，如伺服电动机的安装连接，各个坐标轴的限位开关的安装等。

4）通电调试。

① 检查 380V 主电源进线电压是否符合要求，符合要求后接入电气柜。我国标准为 $380 \times (1-7\%) \mathrm{V} \sim 380 \times (1+7\%) \mathrm{V}$，即 353~407V。

② 通电检查系统是否正常启动，显示器是否显示正常，检查伺服单元和电动机的信号线、动力线等的连接是否正确、牢固，绝缘是否良好，检查其运行是否正常，有无跳动、飞

车等异常现象，若无异常，电动机可与机械连接。

③ 检查床身各部分电器开关（包括限位开关、参考点开关、行程开关、无触点开关、液压开关、气压开关、液位开关等）的动作有效性，有无输入信号，输入点是否和原理图一致。

④ 根据丝杠螺距与机械齿轮传动比，设置好相应的轴参数。

松开急停，点动各坐标轴，检查机械运动的方向是否正确，若不正确，应修改轴参数。以低速点动各坐标轴，使各坐标轴去压其正、负限位开关，仔细观察是否能压到限位开关，若到位后压不到限位开关，应立即停止点动，若压到，则观察轴是否立即自动停止移动，屏幕上是否显示正确的报警号，报警号不对应调换正、负位的线。

将工作方式选到"手摇"档，正向旋转手摇脉冲发生器，观察轴移动方向是否为正方向，若不对应，调换 A、B 两相的线。

将工作方式选到"回零"档，令所有坐标轴执行回零操作，仔细观察轴是否能压到参考点开关，若到位后压不到开关，立即按下"急停"按钮，若压到，则仔细观察回零过程是否正确，参考点是否已找到。

找到参考点后再回到手动方式，点动坐标轴去压正、负限位开关，屏幕上显示的正、负数值即为此坐标轴的正、负行程，以此为基础减小的余量，即可作为正、负软极限写入轴参数。按上述步骤分别调整各坐标轴。

回到参考点后用手动检查正、负限位开关是否工作正常。

⑤ 用万用表的欧姆档检查车床的辅助电动机，如冷却、液压、排屑等电动机三相是否平衡，是否有缺相或短路。若正常可逐一控制各辅助电动机运行，确认电动机转向是否正确，若不正确，应调换电动机任意两相的接线。

⑥ 用万用表的欧姆档检查电磁阀等执行器件的控制线圈是否断路或短路，控制线圈是否对地短路，然后分别控制各电磁阀动作，观察电磁阀动作是否正确，若不正确，应检查相应的线或 PLC 程序。起动液压装置，调整压力到正常，分别控制各电磁阀动作，观察数控车床各部分动作是否正确到位，回答信号（通常为开关信号）是否反馈回 PLC。

⑦ 用万用表的欧姆档检查主轴电动机的三相是否平衡，是否有缺相或短路，若正常可控制主轴旋转，检查其转向是否正确。有降压起动的，应检查是否有降压起动过程，星、三角切换延时时间是否合适；有主轴调速装置或换档装置的，应检查速度调整是否有效，各档速度是否正确。

⑧ 涉及换刀等组合控制的数控车床应进行联调，观察整个控制过程是否正确。

5）检查有无异常情况。检查数控车床运转时声音是否异常，主轴是否跳动，各电动机是否过热。

三、数控车床的检验

1. 精度检验

数控车床精度分为几何精度、定位精度和切削精度三类。

（1）几何精度检验　数控车床的几何精度检验，又称静态精度检验。几何精度是综合反映机床的各关键零部件及其组装后的几何形状误差。普通卧式数控车床几何精度检验的主要内容有以下几项。

1）工作台面的平面度；

2）沿各坐标轴方向移动的相互垂直度；

3）沿 X、Z 坐标轴方向移动时对工作台面的平行度；

4）主轴的轴向窜动；

5）主轴孔的径向跳动；

6）Z 坐标轴方向移动时对主轴轴线的平行度；

7）主轴回转中心线对工作台面的垂直度；

8）Z 坐标轴方向移动时的角度偏差。

（2）定位精度检验　数控车床定位精度是指机床各坐标轴在数控系统控制下运动所能达到的位置精度。主要内容有直线运动定位精度、直线运动重复定位精度、直线运动轴机械原点的复位精度、直线运动失动量的检验、回转运动的定位精度、回转运动的重复定位精度、回转运动失动量的检验、回转轴原点的复归精度。

（3）切削精度检验　车床的切削精度是一项综合精度，它不仅反映了车床的几何精度和定位精度，同时还包括试件的材料、环境温度、刀具性能以及切削条件等各种因素造成的误差和计量误差。为了反映车床的真实情况，要尽量排除其他因素的影响。切削试件时可参照验收标准中的有关要求进行，或按车床厂规定的条件，如试件材料、刀具技术要求、主轴转速、切削深度、进给速度、环境温度以及切削前的车床空运转时间等进行。切削精度检验可分单项加工精度检验和加工一个标准的综合试件精度检验两种。国内多以单项加工精度检验为主。

2. 性能及数控功能检验

（1）数控车床性能的检验　数控车床性能主要包括主轴系统、进给系统、自动换刀装置、电气装置、安全装置、润滑装置、气液装置及各附属装置等的性能。

数控车床性能的检验与普通机床的检验基本一样，主要是通过试运转，检查各运动部件及辅助装置在起动、停止和运行中有无异常现象及噪声，润滑系统、冷却系统以及各风扇等工作是否正常。

1）主轴系统。用手动方式选择高、中、低 3 个主轴转速，连续进行 5 次正转和反转的起动和停止动作，检验主轴动作的灵活性和可靠性。同时，观察负载表上的功率显示是否符合要求。

用数据输入方式，主轴从最低一级转速开始运转，逐级提到允许的最高转速，实测各级转速，允许误差为设定值的 ±10%，同时观察机床的振动。主轴在长时间高速运转后（一般为 2h）允许温升为 15℃。

连续操作主轴准停装置 5 次，检查动作的可靠性和灵活性。

2）进给系统。分别沿各坐标轴进行手动操作，检验正反方向的低速、中速、高速进给和快速移动后的起动、停止、点动等动作的可靠性和平衡性。

3）车床噪声。车床运转时的总噪声不得超过标准（80dB）。数控车床由于大量采用电调速装置，主轴箱的齿轮往往不是最大噪声源，而主轴电动机的冷却风扇和液压系统的液压泵的噪声等可能成为最大噪声源。

4）电气装置。在运转试验前后分别做绝缘检查，检查接地线质量，确认绝缘的可靠性。

5）数控装置。检查数控柜的各种指示灯，检查操作面板、电气柜冷却风扇等的动作及功能是否正常可靠。

6）安全装置。检查对操作者和车床的安全保护功能的可靠性。如各种安全防护罩，车床运动坐标行程极限保护自动停止功能，各种电流电压过载保护和主轴电动机过热、过负荷时紧急停止功能等。

7）润滑装置。检查定时定量润滑装置的可靠性，检查润滑油路有无渗漏，各润滑点的油量分配的可靠性。

8）液压、气动装置。检查压缩空气和液压回路的密封、调压功能，液压油箱的正常工作情况。

9）附属装置。检查车床各附属装置的工作可靠性。如冷却装置能否正常工作，排屑器的工作质量，冷却防护罩有无泄漏，APC交换工作台工作是否正常，带重负载的工作台面自动交换是否正常，配置接触式测头的测量装置是否正常工作及有无相应测量程序等。

（2）数控功能的检验　数控功能检验的主要内容有：

运动指令功能。检验快速移动指令和直线插补、圆弧插补指令的正确性。

准备功能指令。检验暂停、刀具长度补偿、刀具半径补偿等指令的正确性。

操作功能。检验回原点、单程序段、程序段跳读、主轴和进给倍率调整、进给保持、紧急停止、主轴和切削液的起动和停止等功能的准确性。

显示功能。检验位置显示、程序显示、各菜单显示以及编辑修改等功能的准确性。

课题二　数控车床的安全操作、维护保养及故障诊断

【课题描述】

操作数控车床必须严格遵守安全操作规程，正确使用数控车床。掌握数控车床中常见的报警信息及故障诊断方法，有助于尽快诊断并排除故障，减少因故障而造成的停机时间。本课题介绍数控车床安全操作和维护保养的一些基本知识，数控车床的一些报警信息、常见故障及其排除方法。

【课题重点】

- ➲ 数控车床的安全操作规程。
- ➲ 数控车床的维护和保养。
- ➲ 数控车床故障的分类、诊断及排除方法。

知识一　数控车床的安全操作规程

【知识目标】

- ➲ 了解数控车床操作的注意事项。
- ➲ 树立安全文明生产的意识，杜绝事故的发生。

【知识链接】

为保障工作安全和防止事故发生，每一个职业门类都有自己的事故防护规定，它们由各

个行业协会颁布，在各企业内都必须张贴悬挂。每一个企业职工都必须认真遵守这些规定，并通过学习学会实施防护措施和行动，明白违反安全规定的行为将引起人身伤害，导致身体和财产的损坏。因此，从开始学习本课程起，就要重视培养文明生产的良好习惯，它不仅是产品质量的保证、企业效益的保证，还和劳动者的生命安全息息相关！

一、安全操作基本注意事项

1）工作时请穿好工作服、安全鞋，戴好工作帽，不允许戴手套操作机床。

2）不要移动或损坏安装在机床上的警告标牌。

3）不要在机床周围放置障碍物，工作空间应足够大。

4）某一项工作如需要两个人或多人共同完成时，应注意相互间的协调一致。

5）不允许采用压缩空气清洗机床、电气柜及数控装置（CNC 单元），也不允许用嘴吹。

二、工作前的准备工作

1）进入数控实习工厂后，应服从安排，听从指挥，不得擅自起动或操作车床数控系统。

2）开车前，应该仔细检查车床各部分机构是否完好，各传动手柄、变速手柄（主要指经济型数控车床）的位置是否正确，还应按要求认真检查数控系统及各电器附件的插头、插座是否连接可靠。

3）机床开始工作前要有预热，认真检查润滑系统工作是否正常。如机床长时间未开动，可先采用手动方式向各部分供油润滑。

4）使用的刀具应与机床允许的规格相符，有严重破损的刀具要及时更换。

5）调整刀具所用工具不要遗忘在机床内。

6）大尺寸轴类零件的中心孔是否合适，中心孔如太小，工作中易发生危险。

7）刀具安装好后应进行一两次试切削。

8）检查卡盘夹紧的状态。及时取下卡盘扳手。

9）机床开动前必须关好机床防护门。

三、工作过程中的安全注意事项

1）禁止用手接触刀尖和切屑，切屑必须要用铁钩子或毛刷来清理。

2）禁止用手或其他任何方式接触正在旋转的主轴、工件或其他运动部位。

3）禁止加工过程中测量、变速，更不能用棉纱擦拭工件，也不能清扫机床。

4）车床运转中，操作者不得离开岗位，机床发生异常现象应立即停车。

5）在加工过程中，不允许打开机床防护门。

6）严格遵守岗位责任制，机床由专人使用，他人使用须经本人同意。

7）工件伸出车床 100mm 以外时，须在伸出位置设防护物。

四、工作完成后的注意事项

1）清除切屑，擦拭机床，使机床与环境保持清洁状态。

2）注意检查或更换磨损坏了的机床导轨上的油擦板。

3）检查润滑油、切削液的状态，及时添加或更换。

4）依次关掉机床操作面板上的电源和总电源。

【知识拓展】

安全标志

1. 号令标志（图 1-9a）

a) 号令标志

b) 禁止标志

c) 警告标志

d) 救护标志

图 1-9　安全标志

蓝白色圆形号令标志显示应采取的保护措施。它们规定了列为保护措施的指定行为方式，例如在砂轮机旁工作时必须佩戴防护眼镜。

2. 禁止标志（图 1-9b）

这类标志也是圆形的，它们把禁止的行为作为黑色图像显示在白色的底色上，其红色边框和红色斜杠使人很容易识别。

3. 警告标志（图 1-9c）

尖向上的三角形警告标志是黄黑色设计。在存放例如有毒或腐蚀性物质的地方，相应的这类警告标志提示，对待这种危险物质必须极其小心，搬动运输时必须采取相应的防护措施。

4. 救护标志（图 1-9d）

救护标志为正方形或矩形，绿白色。它提示例如此处是逃生通道，或本标志地点存放有绷带箱或急救箱。

为了提高工作地点的安全性，应相应地安放号令标志、禁止标志、警告标志和救护标志。

知识二　数控车床的维护和保养

【知识目标】

- ➲ 认识维护保养的重要性。
- ➲ 掌握数控车床日常维护内容。

【知识链接】

为了使数控车床保持良好状态，除了发生故障应及时修理外，坚持经常的维护保养是十分重要的。坚持定期检查，经常维护保养，可以把许多故障隐患消灭在萌芽之中，防止或减少事故的发生。不同型号的数控车床日常保养内容和要求不完全一样，对于具体的机床，应按说明书中的规定执行。

一、普通性的日常维护内容

1）每天做好各导轨面的清洁润滑。有自动润滑系统的机床要定期检查、清洗自动润滑系统，检查油量，及时添加润滑油，检查油泵是否定时起动及停止。

2）每天检查主轴箱自动润滑系统工作是否正常，定期更换主轴箱润滑油。

3）注意检查电气柜中冷却风扇是否工作正常，风道过滤网有无堵塞。清洗沾附的尘土。

4）注意检查冷却系统，检查液面高度，及时添加油或水，油、水脏时要更换清洗。

5）注意检查主轴驱动传动带，调整松紧程度。

6）注意检查导轨镶条松紧程度，调节间隙。

7）注意检查机床液压系统液压泵有无异常噪声，工作液面高度是否合适，压力表指示是否正常，管路及各接头有无泄漏。

8）注意检查导轨、机床防护罩是否齐全有效。

9）注意检查各运动部件的机械精度，减少形状和位置偏差。

10）每天下班做好机床清扫卫生，清扫切屑，擦净导轨部位的切削液，防止导轨生锈。

二、数控车床日常维护保养（周）报表

数控车床日常维护保养（周）报表见表1-1。

表1-1　数控车床日常维护保养（周）报表　　机台编号：

检查周期	检查部位	检查内容及要求	检查结果	日期	责任人
每日上班正式工作前	润滑系统	润滑油是否足够，油泵工作是否正常，油管接头及油管是否有漏油现象			
	工作导轨面	导轨面上是否有足够的润滑油，是否有切屑或脏物，导轨面上是否有划伤或损坏现象			
	主轴及夹头	每日用干净的布条擦净主轴及主轴内腔，夹头在使用前用油枪给夹头座打入5g的润滑脂，以确保夹头移动顺畅			
	液压系统	电动机、液压泵有无异常噪声，尾座及夹头液压表压力是否在规定范围内，液压油箱上各液压表压力是否在规定范围内，工作液面高度是否在要求的范围内，各电磁阀、溢流阀工作是否正常，液压泵、电磁阀、溢流阀、管接头及油管是否有漏油现象			
	电气横通风装置	热交换器风扇是否正常运转，风扇过滤网是否堵塞或损坏，电气柜门是否打开			

（续）

检查周期	检查部位	检查内容及要求	检查结果	日期	责任人
每日上班正式工作前	防护罩部位	检查 X、Z 轴伸缩护罩是否松动，是否有漏水及漏切屑现象			
每日下班前 15min	外观保养	清扫机内各部位，擦干净导轨部位、拉伸护罩、钣金护罩内外表面的油污和切削液；检查机床内外是否有磕碰、拉伤情况；所有加工面及导轨抹上防锈油			

知识三　数控车床故障的分类、诊断及排除方法

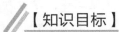【知识目标】

- 掌握数控车床的故障分类。
- 掌握数控车床常见故障的诊断。

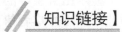【知识链接】

一、数控车床常见故障分类

数控车床是一种技术含量高且较复杂的机电一体化设备，其故障发生的原因一般都较复杂，给数控车床的故障诊断与排除带来不少困难。为了便于故障分析和处理，数控车床的故障大体上可以分为以下几类。

1. 按照故障发生位置分类

按照发生位置，故障可分为主机故障和电气故障。

（1）主机故障　数控车床的主机部分主要包括机械、润滑、冷却、排屑、液压、气动与防护等装置。常见的主机故障有因机械安装、调试及操作不当等原因引起的机械传动故障与导轨运动摩擦过大故障。故障表现为传动噪声大，加工精度差，运行阻力大。

（2）电气故障　电气故障指机床本体上的电气故障。此种故障可利用机床自诊断功能的报警提示，查阅梯形图或检查 I/O 接口信号状态，根据机床维修说明书所提供的图样、资料、排故障流程图、调整方法，并结合工作人员的经验检查。

1）伺服放大及检测部分故障。此种故障可利用计算机自诊断功能的报警号、计算机及伺服放大驱动板上的各信息状态指示灯、故障报警指示灯，参阅维修说明书上介绍的关键测试点的波形、电压值，计算机伺服放大板有关参数设定，跨接线的设置及其相关电位器的调整，功能兼容板的替换等方法来做出诊断和故障排除。

2）计算机部分故障。此种故障主要利用计算机自诊断功能的报警号，计算机各板上的信息状态指示灯，各关键测试点的波形、电压值，各有关电位器的调整，各跨接线的设置，有关机床参数值的设定，专用诊断组件，并参考数控系统维修手册、电气图等加以诊断及排除。

3）交流主轴控制系统故障。交流主轴控制系统发生故障时，应首先了解操作者是否有过不符合操作规程的意外操作，电源电压是否出现过瞬间异常，然后检查外观是否有断路器跳闸、熔丝断开等直观易查的故障。如果没有，再确认是属于有报警显示类故障，还是无报警显示类故障，根据具体情况而定。

2. 按照故障性质分类

按照性质，故障可分为系统故障和随机故障。

（1）系统故障　此故障是指只要满足一定的条件，机床或数控系统就必然出现的故障。例如，电网电压过高或过低，系统就会产生电压过高报警或电压过低报警；切削用量安排得不合适，就会产生过载报警等。

（2）随机故障　此类故障是指在同样条件下，只偶尔出现一次或两次的故障。要想人为地再现同样的故障则是不太容易的，有时很长时间也难再遇到一次。这类故障的诊断和排除都是很困难的。一般情况下，这类故障往往与机械结构的局部松动、错位，数控系统中部分组件工作特性的漂移，机床电气组件可靠性下降等有关。例如，一台数控机床本来正常工作，突然出现主轴停止时产生漂移，停电后再上电，漂移现象仍不能消除。调整零漂电位器后现象消失，这显然是工作点漂移造成的。因此，排除此类故障应经过反复试验，综合判断。有些数控机床采用电磁离合器换档，离合器剩磁也会产生类似的现象。

3. 按故障产生时有无报警分类

按故障产生时有无报警，故障可分为有报警显示故障和无报警显示故障。

（1）有报警显示故障　现在的数控系统都有较丰富的自诊断功能，可显示出百余种的报警信号。其中大部分是数控系统自身的故障报警，有的是数控机床制造厂利用操作者信息，将机床的故障也显示在显示器上。根据报警信号能比较容易地找到故障和排除故障。

（2）无报警显示故障　数控机床产生的故障还有一种情况，那就是无任何报警显示，但机床却是在不正常状态，往往是机床停在某一位置上不能正常工作，甚至连手动操作都失灵。维修人员只能根据故障产生前后的现象来分析判断，排除这类故障是比较困难的。

4. 按照故障发生时有无破坏性分类

按照故障发生时有无破坏性，故障可分为破坏性故障和非破坏性故障。

（1）破坏性故障　此类故障的产生会对机床和操作者造成破坏和伤害，导致机床损坏或人身伤害，如飞车、超程运动、部件碰撞等。这些破坏性故障往往是人为造成的。破坏性故障产生之后，维修人员在进行故障诊断时，绝不允许重现故障。

（2）非破坏性故障　大多数的故障属于此类故障，这种故障往往通过"清零"即可消除。

二、数控车床常见故障的诊断及排除

下面以华中世纪星系统为例介绍数控车床常见故障的诊断。

1. 数控系统类故障

【例1】　故障现象：一台数控车床在开机后始终保持急停状态不能产生复位信号。

故障可能原因分析：此故障属于急停报警类故障，在调查现场信息、查阅华中世纪星系统连接与调试说明书、电气原理图、维修说明书等技术资料后，初步分析此故障可能是由于急停回路没有闭合、未向系统发送复位信号、PLC 软件错误以及主印制电路板故障等原因引起的。

　　故障排除方案制订：按照数控机床故障诊断与维修的原则和思路，首先应对照机床电气原理图中的急停回路电气图，用万用表依次检查 X 轴、Z 轴极限行程开关的常闭触点与急停按钮的常闭触点是否良好；检查"外部运行允许"的输入端口是否良好；查看 PMC 用户参数是否对应"外部运行允许"的输入点；重新编译 PLC 复位程序；判断数控装置主印制电路板硬件是否有故障。

　　故障处理：经万用表检查发现，Z 轴正向行程开关的常闭触点损坏，更换行程开关后，数控机床开机后正常复位，此故障是由行程开关失灵引起的。

2. 进给伺服系统故障

　　【例2】　故障现象：一台普通数控车床在开始使用后发现机床工作台的 Z 轴移动时出现"器叫"，振动较大，加工一零件完成后，对零件质量进行检测，相应轴向尺寸偏大超差。

　　故障可能原因分析：此故障属于进给伺服系统常见故障，在调查现场信息，查阅华中世纪星系统连接与调试说明书、交流伺服驱动器说明书等技术资料后，初步分析此故障可能是由伺服驱动器电源故障、伺服电动机光电编码器无位置反馈信号、Z 轴伺服系统位置环与速度环参数设置不当、机械负载不均匀、伺服电动机故障等原因引起的。

　　故障排除方案制订：Z 轴伺服系统为半闭环结构，脱开与丝杠的连接，再次开机试验，确定是电气故障还是机械故障，若故障仍存在，则故障为电气故障，否则为机械故障。若为机械部分故障，则要判断机械负载是否过重或不均匀，机械传动是否良好。若为电气故障，检查 Z 轴驱动器的主电路和控制电路电源是否正常；进入伺服驱动器参数编辑界面，查看参数设置是否正确，伺服电动机是否良好。

　　故障处理：机电脱离后，Z 轴电动机仍有噪声，因此判断为电气故障，进入 Z 轴交流伺服驱动器的参数编辑界面查看参数，发现位置开环增益值与前馈系数设置过大，重新调整后 Z 轴运行正常。此故障是由参数设置不当而造成的。

　　系统参数中速度环和位置环的参数设置应根据机床的自身情况进行合理设置，如果设置不对，常会导致工作台运动出现噪声、振荡或者超调等现象，一般都在机床出厂时由机械工程师和数控机床调试人员一起配合进行调整，因此此参数的设置应谨慎，否则会影响所加工零件的精度。

3. 主轴伺服系统故障

　　【例3】　故障现象：配置华中世纪星系统的数控车床，使用安川变频器作为主轴驱动装置，当输入指令 S×× 　M03 后，主轴旋转，但主轴转速不能改变。

　　故障可能原因分析：此故障属于主轴伺服系统常见故障，由于该机床使用变频器调速，在自动方式下运行时，主轴转速是通过系统编译 S 指令后，经过 D/A 转换电路，将速度信息以模拟电压的形式输出给变频器，实现对主轴转速的控制。在查阅相关资料后，初步分析此故障可能是由 CNC 中主轴参数设置不当、加工程序编译错误、D/A 转换电路故障、速度模拟量输入电路以及变频器故障引起的。

　　故障排除方案制订：检查主轴硬件参数设置是否正确，用万用表检查主轴速度模拟量信号是否正常。若主轴接口中的速度模拟量正常，则 D/A 转换电路无故障，为外部信号故障或变频器故障；反之为 PLC 程序编译故障或 D/A 转换电路故障。

　　故障处理：对照数控系统连接与调试说明书查看主轴硬件配置参数与 PMC 参数设置，发现参数设定正确，接着用万用表测量变频器的模拟电压输入，发现在不同转速下模拟电压有变化，说明 CNC 工作正常。进一步检查变频器的参数设定，发现参数设定正确，检查变频器输入控制信号，发现在主轴正转时，变频器的多级固定速度控制输入信号中有一个被固定为"1"，断开此信号后，主轴恢复正常。

4. 刀架类故障

【例4】 故障现象：一台华中数控车床，配置四工位刀架，在执行 T 指令时，刀架始终正转，找不到目标刀位。

故障可能原因分析：此故障属于数控机床辅助设备刀架类常见故障，数控车床四工位刀架换刀过程为 PLC 编译 T 指令，将刀架转位信号经过系统开关量输出接口输出，经输出控制板转接控制中间继电器接通，从而通过交流接触器控制电动机正转进行选刀，当达到目标刀位时，电动刀架上的位置检测霍尔元件就会发出刀架到位信号，经过输入转接板电缆输送到数控系统的开关量输入接口，使 PLC 输出反转信号，控制刀架电动机反转，定位并缩紧刀架，从而实现换刀。在调查现场信息后，查阅电气原理图、PLC 编程说明书等技术资料后，初步分析故障可能是由刀架刀位信号模块的电源不正确、刀位信号参数设置错误、系统开关量输入电缆接错或断路、刀架位置检测霍尔元件损坏、主印制电路板损坏等原因引起的。

故障排除方案制订：检查 PLC 参数设置是否和系统输入一一对应；检查输入转接板的电源是否正常，接线极性是否正确；检查是否中间继电器或反转接触器故障；检查开关量输入电缆是否接错或断路；检查霍尔元件是否损坏或信号线断路；判定数控装置主印制电路板是否损坏。

故障处理：对照数控系统连接与调试说明书，查看与刀架相关的 PMC 参数无误，在换刀过程中，PLC 刀位状态无输入显示，使用万用表检查开关量输入模块电源正常，中间继电器和反转接触器正常，输入电缆连接正确，更换刀架霍尔元件后，系统能够正常换刀，此故障是由刀架位置检测元件损坏引起的。

课题三 数控车床的机械结构

【课题描述】

数控车床的机械结构是数控车床的基础，本课题主要介绍数控车床的布局、主传动及变速系统、进给传动系统、导轨和自动换刀装置。

【课题重点】

- ➲ 数控车床的布局。
- ➲ 数控车床的主传动系统。
- ➲ 数控车床的进给传动系统。
- ➲ 数控车床的自动换刀装置。

知识一 数控车床的布局

【知识目标】

➲ 掌握数控车床的机械结构和系统组成。

◯ 掌握数控车床的常见布局。

【知识链接】

一、数控车床的机械结构组成

　　典型数控车床的机械结构组成，包括主轴传动机构、进给传动机构、刀架、床身、辅助装置（刀具自动交换机构、润滑与切削液装置、排屑、过载限位）等部分。

二、数控车床常见布局

　　数控车床床身导轨与水平面的相对位置如图 1-10 所示，它有 4 种布局形式：图 1-10a 为水平床身，图 1-10b 为斜床身，图 1-10c 为水平床身斜滑板，图 1-10d 为立床身。

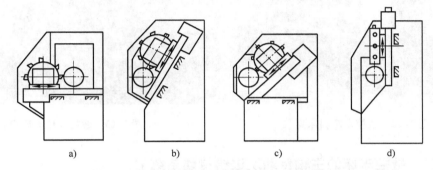

　　　　a)　　　　　　　b)　　　　　　　c)　　　　　　　d)

图 1-10　数控车床床身导轨与水平面的相对位置

　　水平床身的工艺性好，便于导轨面的加工。水平床身配上水平放置的刀架可确保刀架的运动精度，一般可用于大型数控车床或小型精密数控车床的布局。但是水平床身由于下部空间小，故排屑困难。从结构尺寸上看，刀架水平放置使得滑板横向尺寸较长，从而加大了机床宽度方向的结构尺寸，如图 1-11 所示。

图 1-11　数控车床水平床身

　　水平床身配置倾斜放置的滑板，并配置倾斜式导轨防护罩，这种布局形式一方面有水平床身工艺性好的特点，另一方面机床宽度方向的尺寸较水平配置滑板的要小，且排屑方便。水平床身配上倾斜放置的滑板和斜床身配置斜滑板布局形式被中、小型数控车床所普遍采用。此两种布局形式的特点是排屑容易，热切屑不会堆积在导轨上，也便于安装自动排屑器；操纵方便，易于安装机械手，以实现单机自动化；机床占地面积小，外形简单、美观，可轻易实现封闭式防护，如图 1-12 所示。

斜床身其导轨倾斜的角度分别为 30°、45°、60°、75° 和 90°（称为立床身，如图 1-13 所示），若倾斜角度小，排屑不便；若倾斜角度大，导轨的导向性差，受力情况也差。导轨倾斜角度的大小还会直接影响机床外形尺寸和高度与宽度的比例。综合考虑上面的因素，中小规格的数控车床其床身的倾斜度以 60° 为宜。

图 1-12　数控车床斜床身

图 1-13　数控车床立床身

知识二　数控车床的主轴传动及进给传动系统

【知识目标】

- 了解主轴部件的工作原理。
- 掌握进给系统的作用、要求。
- 了解进给系统的结构和种类。

【知识链接】

一、数控车床的主轴传动系统

数控车床的主轴传动系统一般采用直流或交流无级调速电动机，通过带传动，带动主轴旋转，实现自动无级调速及恒线速度控制。

主轴部件是机床实现旋转运动的执行件，结构如图 1-14 所示，其工作原理如下：

交流主轴电动机通过带轮 15 把运动传给主轴 7。主轴有前后两个支承，前支承由一个圆锥孔双列圆柱滚子轴承 11 和一对角接触球轴承 10 组成，轴承 11 用来承受径向载荷，两个角接触球轴承一个大口向外（朝向主轴前端），另一个大口向里（朝向主轴后端），用来承受双向的轴向载荷和径向载荷。前支承的间隙用螺母 8 来调节，螺钉 12 用来防止螺母 8 回松。主轴的后支承为圆锥孔双列圆柱滚子轴承 14，轴承间隙由螺母 1 和 6 来调节，螺钉 17 和 13 是防止螺母 1 和 6 回松的。主轴的支承形式为前端定位，主轴受热膨胀向后伸长。前后支承所用圆锥孔双列圆柱滚子轴承的支承刚性好，允许的极限转速高。前支承中的角接触球轴承能承受较大的轴向载荷，且允许的极限转速高。主轴所采用的支承结构适宜低速大载荷的需要。主轴的运动经过同步带轮16和3以及同步带2带动脉冲编码器4，使其与主轴同步运转。脉冲编码器用螺钉5固定在主轴箱体9上。

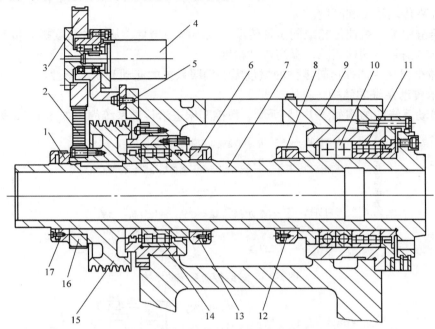

图1-14 数控车床主传动系统结构

1、6、8—螺母 2—同步带 3、16—同步带轮 4—脉冲编码器 5、12、13、17—螺钉

7—主轴 9—主轴箱体 10—角接触球轴承 11、14—圆柱滚子轴承 15—带轮

二、数控车床的进给传动系统

1. 进给传动系统的作用

数控车床的进给传动系统负责接受数控系统发出的脉冲指令，并经过放大和转换后驱动车床运动执行元件实现预期的运动。

2. 进给传动系统的要求

数控机床的进给运动是数字控制的直接对象，被加工件的最后轮廓精度和加工精度都会受到进给运动的传动精度、灵敏度和稳定性的影响。为此，进给系统中的传动装置和元件要求具有长寿命、无传动间隙，高灵敏度和低摩擦阻力的特点。如导轨必须具有较小的摩擦力，耐磨性要好，所以一般采用滚动导轨、静压导轨和减磨滑动导轨等。当旋转运动被转化为直线运动时，为了提高转换效率，保证运动精度，滚珠丝杠螺母副被广泛使用。为了提高位移精度，减少传动误差，对采用的各种机械部件首先保证它们的加工精度，其次采用合理的预紧来消除传动间隙，所以在进给传动系统中广泛采用各种间隙消除措施。但是采用预紧等各种措施后仍然可能留有微量间隙，此外由于受力作用后产生弹性变形，也会产生间隙，所以在进给系统反向运动时仍需由数控装置发出脉冲指令进行自动补偿。

综合而言，在设计进给系统时，应充分注意减少摩擦阻力、提高传动精度和刚度、消除传动间隙、减少运动部件惯量。

（1）减少运动件之间的摩擦阻力　摩擦阻力主要来自丝杠螺母和导轨，对其进行滚动化是重要措施。

（2）提高传动精度和刚度　保证进给系统中滚珠丝杠螺母、蜗轮蜗杆和支承结构的加工精度，提高传动精度和刚度。

在进给链中加入减速齿轮或同步带传动，减小脉冲当量，从设计角度提高传动精度。

采用预紧消除传动件间隙，提高传动精度。

（3）减少惯量　高速运转零件的惯量影响伺服系统的起动和制动特性。

3. 进给传动系统的结构

进给传动系统的结构如图 1-15 所示。数控车床进给传动系统简图如图 1-16 所示。

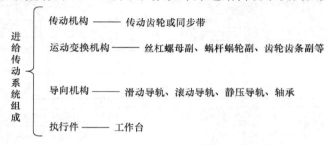

图 1-15　进给传动系统的结构

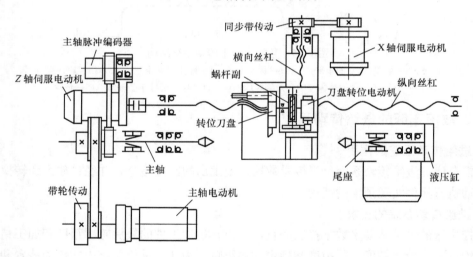

图 1-16　数控车床进给传动系统简图

4. 进给传动系统的种类

（1）步进电动机伺服进给系统　步进电动机是将电脉冲信号转变为角位移或线位移的开环控制装置，如图 1-17 所示。在非超载的情况下，电动机的转速、停止的位置只取决于脉冲信号的频率和脉冲数，而不受负载变化的影响。当步进驱动器接收到一个脉冲信号，它就驱动步进电动机按设定的方向转动一个固定的角度，称为"步距角"。电动机的旋转是以固定的角度一步一步运行的，可以通过控制脉冲个数来

图 1-17　步进电动机

控制角位移量，从而达到准确定位的目的；同时可以通过控制脉冲频率来控制电动机转动的速度和加速度，从而达到调速的目的。

（2）直流伺服电动机伺服进给系统　直流伺服电动机（图1-18）包括定子、转子铁芯、电动机转轴、伺服电动机绕组换向器、伺服电动机绕组、测速电动机绕组、测速电动机换向器。转子铁芯由硅钢片叠压固定在电动机转轴上构成。

（3）交流伺服电动机伺服进给系统　交流伺服电动机（图1-19）内部的转子是永久磁铁，驱动器控制的 U/V/W 三相电形成电磁场，转子在此磁场的作用下转动，同时电动机自带的编码器反馈信号给驱动器，驱动器根据反馈值与目标值进行比较，调整转子转动的角度。伺服电动机的精度取决于编码器的精度。

图1-18　直流伺服电动机

图1-19　交流伺服电动机

长期以来，在要求调速性能较高的场合，一直占据主导地位的是直流电动机调速系统。但直流电动机存在一些固有的缺点，如电刷和换向器易磨损，需要经常维护；换向器换向时会产生火花，使电动机的最高速度收到限制，也使应用环境受到限制；直流电动机结构复杂，制造困难，所用材料消耗大，制造成本高。而交流电动机，特别是笼型感应电动机没有上述缺点，且转子惯量较直流电动机小，使得动态响应更好。在同样体积下，交流电动机输出功率可比直流电动机提高 10% ~ 70%，此外，交流电动机的容量可比直流电动机造得大，达到更高的电压和转速。现代数控机床都倾向采用交流伺服驱动，交流伺服驱动已有取代直流伺服驱动之势。

交流伺服电动机的优点：控制精度高，实现了位置的闭环控制，从根本上克服了步进电动机的失步问题；矩频特性好；具有过载能力；加速性能好。

（4）直线电动机伺服进给系统　直线电动机（图1-20）也称线性电动机、线性马达、直线马达、推杆马达等。在实际工业应用中的稳定增长，证明直线电动机可以放心地使用。

最常见的直线电动机类型是平板式、U

图1-20　直线电动机

型槽式和管式。线圈的典型组成是三相，有霍尔元件实现无刷换相。

直线电动机进给驱动具有以下优点：进给速度范围宽；速度特性好；加速度大；定位精度高；行程不受限制；结构简单、运动平稳、噪声小；运动部件摩擦小、磨损小、使用寿命长、安全可靠。

知识三　数控车床的导轨及自动换刀装置

【知识目标】

- 掌握数控车床的导轨的作用和基本要求。
- 了解数控车床的自动换刀装置。

【知识链接】

一、机床导轨的功用

机床导轨的功用是起导向及支承作用，即保证运动部件在外力的作用下（运动部件本身的重量、工件重量、切削力及牵引力等）能准确地沿着一定方向运动。在导轨副中，与运动部件联成一体的运动一方为运动导轨，与支承件联成一体固定不动的一方为支承导轨。运动导轨对于支承导轨通常是只有一个自由度的直线运动或回转运动。

二、导轨应满足的基本要求

1. 导向精度

导向精度是指运动导轨沿支承导轨运动时，直线运动的直线性或圆周运动的真圆性，以及导轨同其他运动件之间相互位置的准确性。影响导向精度的主要因素有：导轨的几何精度，导轨的接触精度，导轨的结构形式，导轨和基础件结构刚度和热变形，动压导轨和静压导轨之间油膜的刚度，以及导轨的装配质量等。

2. 刚度

导轨的刚度是机床工作质量的重要指标，它表示导轨在承受动、静载荷下抵抗变形的能力。若刚度不足，则直接影响部件之间的相对位置精度和导向精度，另外还使得导轨面上的比压分布不均，加重导轨的磨损，因此导轨必须具有足够的刚度。

3. 耐磨性

导轨的不均匀磨损，破坏导轨的导向精度，从而影响机床的加工精度。导轨的耐磨性与导轨面的摩擦性质、导轨受力情况及两导轨相对运动精度有关。

4. 低速平稳性

当动导轨作低速运动或微量移动时，应保证导轨运动平稳，不产生爬行现象。机床的爬行现象将影响被加工零件的表面粗糙度和尺寸精度，特别是对高精度机床来说，必须引起足够的重视。

5. 结构工艺性

在可能的情况下，设计时应尽量使导轨结构简单，便于制造、调整和维护。应尽量减少刮研量，对于机床导轨，应做到更换容易，力求工艺性及经济性好。

三、自动换刀装置

1. 数控机床的自动换刀装置

为了提高数控机床的加工效率，除了提高切削速度外，减少非切削时间也非常重要。现代数控机床正向着工件在一台机床上一次装夹可完成多道工序或全部工序加工的方向发展，这些多工序加工的数控机床在加工过程中需使用多种刀具，因此必须有自动换刀装置，以便选用不同的刀具来完成不同工序的加工。

自动换刀装置应具备换刀时间短、刀具重复定位精度高、有足够的刀具储备量、占地面积小、安全可靠等特性。

各类数控机床的自动换刀装置的结构和数控机床的类型、工艺范围、使用刀具种类和数量有关。数控机床常用的自动换刀装置的类型、特点、适用范围见表1-2。

表1-2　数控机床的自动换刀装置

类型		特点	适用范围
转塔刀架	回转刀架	回转刀架多为顺序换刀，换刀时间短，结构简单紧凑，容纳刀具较少	各种数控车床，车削中心机床
	转塔头	顺序换刀，换刀时间短，刀具轴都集中在转塔头上，结构紧凑，但刚性较差，刀具轴数受限制	数控钻床、镗床
刀库	刀库与主轴之间直接换刀	换刀运动集中，运动部件少。但刀库运动多，布局不灵活，适应性差	各种类型的自动换刀数控机床，尤其是对使用回转类刀具的数控镗铣、钻镗类立式、卧式加工中心机床。要根据工艺范围和机床特点，确定刀库容量和自动换刀装置类型。用于加工工艺范围的立、卧式车削中心机床
	用机械手配合刀库换刀	刀库只有选刀运动，机械手进行换刀运动，比刀库作换刀运动惯性小，速度快	
	用机械手、运输装置配合刀库换刀	换刀运动分散，由多个部件实现，运动部件多，但布局灵活，适应性好	
有刀库的转塔头换刀装置		弥补转塔头换刀数量不足的缺点，换刀时间短	扩大工艺范围的各类转塔式数控机床

2. 数控车床的自动转位刀架

刀架是数控车床的重要功能部件，其结构形式很多，下面介绍几种典型刀架结构。

（1）数控车床方刀架　数控车床方刀架是在普通车床方刀架的基础上发展的一种自动换刀装置。它有四个刀位，能同时装夹四把刀具，刀架回转90°，刀具变换一个刀位，转位信号和刀位号的选择由加工程序指令控制。图1-21所示为数控车床方刀架结构。

（2）数控车床盘形自动回转刀架　图1-22所示为数控车床盘形自动回转刀架结构。该刀架可配置12位（A型或B型）、8位（C型）刀盘。A、B型回转刀盘的外切刀可使用25mm×

150mm 标准刀具和刀杆截面为 25mm×25mm 的可调刀具，C 型可用尺寸为 20mm×20mm×125mm 的标准刀具。镗刀杆最大直径为 32mm。刀架转位为机械传动，端面齿盘定位。

（3）车削中心动力转塔刀架　图 1-23 所示为意大利 Baruffaldi 公司生产的适用于全功能型数控车床及车削中心的动力转塔刀架。刀盘上既可以安装各种非动力辅助刀夹（车刀夹、镗刀夹、弹簧夹头、莫氏刀柄），夹持刀具进行加工，还可以安装动力刀夹进行主动切削，配合主机完成车、铣、钻、镗等各种复杂工序，实现加工程序自动化、高效化。

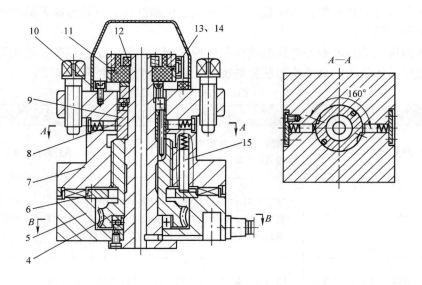

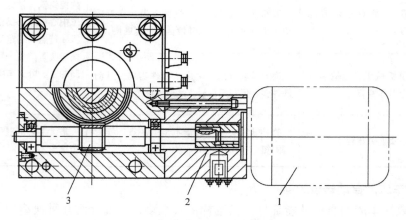

图 1-21　数控车床方刀架结构

1—电动机　2—联轴器　3—蜗杆轴　4—蜗轮丝杠　5—刀架底座　6—粗定位盘　7—刀架体　8—球头销
9—转位套　10—电刷座　11—发信体　12—螺母　13、14—电刷　15—粗定位销

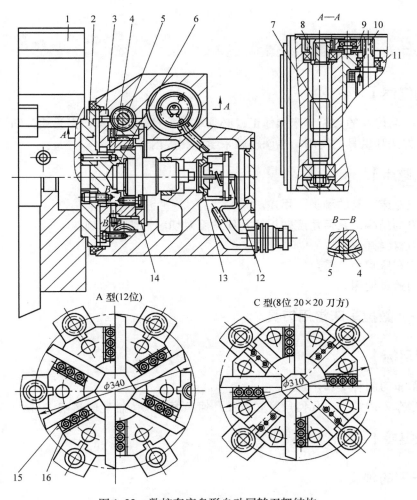

图 1-22 数控车床盘形自动回转刀架结构

1—刀架 2、3—端面齿盘 4—滑块 5—蜗轮 6—轴 7—蜗杆 8、9、10—传动齿轮
11—电动机 12—微动开关 13—小轴 14—圆环 15—压板 16—锲铁

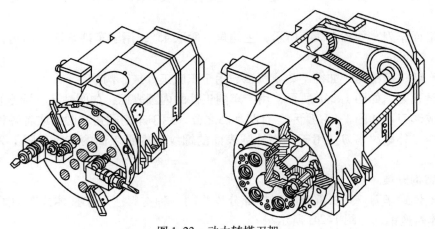

图 1-23 动力转塔刀架

课题四　数控车床刀具、夹具及量具的使用

【课题描述】

要成为一名优秀的数控车床操作工，必须掌握数控车床刀具、夹具相关知识，必须熟悉检测工件的方法和量具的使用。本课题就来学习相关内容。

【课题重点】

⊃ 数控车床刀具的种类、用途。
⊃ 车刀的结构、几何角度知识及几何角度对切削性能的影响。
⊃ 车刀材料知识。
⊃ 数控车床常用夹具。
⊃ 常用量具使用。

知识一　数控车床常用刀具

【知识目标】

⊃ 了解车刀的种类和用途。
⊃ 掌握车刀的结构、几何角度知识及几何角度对切削性能的影响。

【知识链接】

一、车刀的种类

车刀的种类如图 1-24 所示。车刀可按用途和结构来分类。

1. 按用途分类

（1）外圆车刀　如图 1-24a、b 所示，主偏角一般取 75°和 90°，用于车削外圆表面和台阶。

（2）端面车刀　如图 1-24c 所示，主偏角一般取 45°，用于车削端面和倒角，也可用来车外圆。

（3）车断、车槽刀　如图 1-24d 所示，用于车断工件或车沟槽。

（4）镗孔刀　如图 1-24e 所示，用于车削工件的内圆表面，如圆柱孔、圆锥孔等。

（5）成形刀　如图 1-24f 所示，有凹、凸之分，用于车削圆角和圆槽或者各种特形面。

（6）内、外螺纹车刀　用于车削外圆表面的螺纹和内圆表面的螺纹。图 1-24g 所示为外螺纹车刀。

2. 按结构分类

（1）整体式车刀　刀头部分和刀杆部分均为同一种材料。用作整体式车刀的刀具材料一般是整体高速钢，如图 1-24f 所示。

（2）焊接式车刀　刀头部分和刀杆部分分属两种材料，即刀杆上镶焊硬质合金刀片，

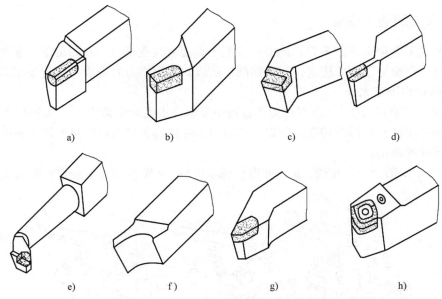

图 1-24　车刀的种类

而后经刃磨所形成的车刀。图 1-24a、b、c、d、e、g 所示均为焊接式车刀。

（3）机械夹固式车刀　刀头部分和刀杆部分分属两种材料。它是将硬质合金刀片用机械夹固的方法固定在刀杆上的，如图 1-24h 所示。它又分为机夹重磨式和机夹可转位（不重磨）式两种车刀。图 1-25 所示为机夹重磨式车刀；图 1-26 所示为机夹可转位车刀。两者区别在于：后者刀片形状为多边形，即多条切削刃，多个刀尖，用钝后只需将刀片转位即可使新的刀尖和刀刃进行切削而不需刃磨；前者刀片则只有一个刀尖和一个刀刃，用钝后就必须刃磨。

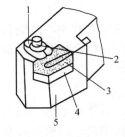

图 1-25　机夹重磨式车刀
1—桥式压板　2—压紧螺钉
3—刀片　4—垫片　5—刀杆

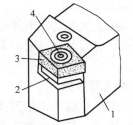

图 1-26　机夹可转位车刀
1—刀杆　2—刀垫
3—刀片　4—夹固元件

1）机夹重磨车刀　刀杆和刀片是用机械方法固定在一起的，可以避免因焊接而引起的刀片硬度下降、产生裂纹等缺陷，可以延长刀具的寿命，而且刀杆可以重复使用。由于刀片可磨次数增加，利用率高。刀片可以实现集中刃磨，从而提高了刀片的刃磨质量和效率。

2）机夹可转位车刀。

优点：具备重磨车刀的优点，不需重磨，具有先进合理的几何参数和断屑范围大、通用性好的断屑槽形式，并可节省大量的磨刀、换刀和对刀的时间。适合于要求工作稳定、刀具位置准确的自动机床、自动线和加工中心。

二、车刀的使用安装

设计或者刃磨得很好的车刀，如果安装不正确就会改变车刀应有的角度，直接影响工件的加工质量，严重的甚至无法进行正常切削。所以，使用车刀时必须正确安装车刀。

1. 刀头伸出不宜太长

常言到"峣峣者易折"。车刀在切削过程中要承受很大的切削力，刀头伸出太长则刚性不足，极易产生振动而影响切削。所以，车刀刀头伸出的长度应以满足使用为原则，一般不超过刀杆高度的两倍。

图1-27中a图为安装正确；b图伸出较长不正确；c图中的刀头悬空且伸出太长，安装不正确。

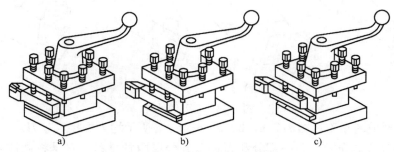

图1-27　车刀安装示意图

2. 车刀刀尖高度要对中

车刀刀尖要与工件回转中心高度一致。高度不一致会使切削平面和基面变化而改变车刀应有的静态几何角度，影响正常的车削，甚至会使刀尖或刀刃崩裂。装得过高或过低均不能正常切削工件。

3. 车刀放置要正确

车刀在刀架上放置的位置要正确。加工外表面的刀具在安装时其中心线应与进给方向垂直，加工内表面的刀具在安装时其中心线应与进给方向平行，否则会使主、副偏角发生变化而影响车削。

4. 要正确选用刀垫

刀垫的作用是垫起车刀使刀尖与工件回转中心高度一致。刀垫要平整，选用时要做到以少代多、以厚代薄，其放置要正确。刀垫放置不应缩回到刀架中去，而使车刀悬空。

5. 安装要牢固

车刀在切削过程中要承受很大的切削力，如果安装不牢固，就会松动移位发生意外。所以使用压紧螺钉紧固车刀时不得少于两个且要可靠。

三、刀具材料

刀具材料主要是指刀具切削部分的材料。在切削过程中，刀具的切削能力直接影响生产率、加工质量和加工成本。刀具的切削性能主要取决于刀具材料，其次是刀具几何参数和刀具结构的选择与设计是否合理。

1. 刀具材料应具备的性能

刀具切削部分在切削时要承受高温、高压、强烈的摩擦、冲击和振动。因此，刀具材料应具备以下性能。

1）高的硬度和耐磨性。

2）足够的强度和韧性。

3）高的耐热性，即刀具在高温下仍能保持硬度、强度、韧度和耐磨等性能。

4）良好的热硬性。热硬性是指钢在较高温度下，仍能保持较高硬度的性能。W18Cr4V高速钢，在560℃回火三次，硬度可达63～64HRC。

5）良好的工艺性。这是指材料对不同加工工艺方法的适应能力。金属材料的工艺性一般包括铸造性、焊接性、可锻性、切削加工性等。

6）好的导热性和小的膨胀系数。

2. 常用的刀具材料

（1）背景知识简介

含碳量（碳的质量分数）在2.0%以上的铁碳合金叫铸铁（或生铁）。

碳的质量分数少于0.2%的铁碳合金称为熟铁或锻铁。

碳的质量分数介于0.2%～2.0%之间的铁碳合金叫作钢。

生铁坚硬，但性脆；钢具有弹性；熟铁易于机械加工，但要比钢柔软。

钢和铸铁均由生铁制成。生铁是在高炉中从铁矿石中冶炼出来的。在高炉中，铁矿石通过还原反应转变成生铁。生铁中除主要成分铁之外，还含有约4%的碳和不需要的或含量过高的伴同元素，如硅、锰、硫、磷等。生铁转变成钢的炼制过程中，必须降低含碳量，并几乎完全去除有害的伴同元素，这就是精炼的过程。精炼的方法有氧气顶吹炼钢法、组合转炉炼钢法和电炉炼钢法。

（2）刀具材料　刀具材料有碳素工具钢、合金工具钢、高速钢、硬质合金、陶瓷、金刚石、立方氮化硼等。目前，刀具材料中使用最广泛的仍是高速钢和硬质合金。

1）碳素工具钢。碳的质量分数为0.7%～1.2%，硬度高，价廉。在室温下虽有很高的硬度，但钢的热硬性低，工作温度高于250℃时钢的硬度和耐磨性急剧下降，从而使钢的切削能力显著降低，所以此类钢只适于制作尺寸小、形状简单、切削速度低、进给量小、工作温度不高的工具。如木工工具、镰刀、凿子、冲头、剪刀、锯条、锉刀、搓丝板、刮刀、钻头、铰刀、扩孔钻、丝锥、板牙、千分尺、拉丝模具、雕刻工具等。

2）合金工具钢。含铬（Cr）、锰（Mn）、硅（Si）等元素，热硬性较差，具有较高的耐磨性，适于制造低速或手工工具，如低速切削刃具（木工工具、钳工工具、钻头、铣刀、拉刀等）及测量工具（卡尺、千分尺、块规、样板等）

3）高速钢。又名风钢或锋钢。高速钢是加入了钨（W）、钼（Mo）、铬（Cr）、钒（V）等合金元素的高合金工具钢。合金元素总量达10%～25%。它具有较高的硬度（62～67HRC）和耐热性（550～600℃），较高的强度和韧性，抗冲击、振动的能力较强。它在高速切削产生高热情况下（约500℃）仍能保持高的硬度，硬度能在60HRC以上。高速钢适用于制造各种形状复杂的刀具（如钻头、丝锥、成形刀具、拉刀、齿轮刀具等）。常用的通用型高速钢牌号为W6Mo5Cr4V2和W18Cr4V。

高速钢的热处理工艺较为复杂，必须经过退火、淬火、回火等一系列过程。

4）硬质合金。硬质合金具有硬度高、耐磨、强度和韧性较好、耐热、耐腐蚀等一系列优良性能，特别是它的高硬度和耐磨性，即使在500℃的温度下也基本保持不变，在1000℃

时仍有很高的硬度。允许的切削速度达 100~300m/min。硬质合金广泛用作刀具材料，如车刀、铣刀、刨刀、钻头、镗刀等，用于切削铸铁、有色金属、塑料、化纤、石墨、玻璃、石材和普通钢材，也可以用来切削耐热钢、不锈钢、高锰钢、工具钢等难加工的材料。现在新型硬质合金刀具的切削速度可达碳素钢的数百倍。

硬质合金可分为 K（钨钴类）、P（钨钛钴类）、M（通用类）三个主要类别，是当今主要的刀具材料之一，大多数车刀、面铣刀和部分立铣刀均已采用硬质合金制造。

5）涂层刀具材料。它是在硬质合金或高速钢基体上，涂敷一层几微米厚的高硬度、高耐磨性的金属化合物（如碳化钛、氮化钛、氧化铝等）而制成。涂层带来的高表面硬度是提高刀具寿命的最佳方式之一。一般而言，材料或表面的硬度越高，刀具的寿命就越长。涂层刀具使用越来越普遍。

6）陶瓷材料。耐热温度高达 1300℃，能采用比硬质合金更高的切削速度，但是它的抗弯强度低、冲击韧性差，适用于加工高硬度、高强度材料，不适于断续切削。

7）金刚石。它是目前已知的最硬材料，硬度接近于 10000HV（硬质合金为 1300~1800HV），能对陶瓷、硬质合金等高硬度耐磨材料进行切削加工，使用寿命极高。加工时只能选用极小的进给量（0.02~0.06mm/r）和极小的背吃刀量，但却可以选用很高的切削速度（700m/min）。但金刚石的热稳定性较差，因此不适于加工钢铁材料。

8）立方氮化硼（CBN）。耐 1300~1500℃的高温，稳定性好，适用范围广，但脆性大，不耐冲击和振动。

四、刀具的几何形状及参数

1. 刀具的组成

刀具种类繁多，形状各异，外圆车刀是最基本、最典型的切削刀具，其他刀具如三面刃铣刀和麻花钻可以看成是车刀的演变和组合。

刀具由刀柄和刀体组成，如图 1-28 所示。刀柄是指刀体上的夹持部分，刀体是切削部分或夹持刀条或刀片的部分。

2. 车刀切削部分的组成

刀具的切削部分由三个面、两个刃、一个尖组成，以车刀为例，如图 1-29 所示。

1）前面：切屑流出所经过的表面。

2）主后面：刀具与工件的加工表面相对的表面。

3）副后面：刀具上与工件的已加工表面相对的表面。

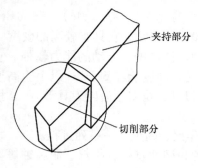

图 1-28　刀具的组成

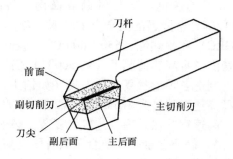

图 1-29　车刀切削部分的组成

4）主切削刃：前面与主后面的交线，切削工作。

5）副切削刃：前面与副后面的交线，部分切削工作。

6）刀尖：主切削刃与副切削刃的交点，分为刀尖（主副切削刃的实际交点）、修圆刀尖（具有曲线状切削刃的刀尖）、倒角刀尖（具有线状切削刃的刀尖）。

3. 车刀切削部分的几何角度

辅助平面：为了测量刀具的角度，需要引出三个相互垂直的平面，如图 1-30 所示。

1）基面 p_r：通过主切削刃上某一点，与该点切削速度方向垂直的平面。

2）切削平面 p_s：通过主切削刃上某一点，与该点加工表面相切的平面。

3）正交平面 p_o：通过主切削刃上某一点，同时与基面和切削平面都垂直的平面。

4. 五个标注角度

车刀切削部分的几何角度如图 1-31 所示。

1）前角 γ_o：γ_o 前面与基面之夹角（在正交平面中）。前面与切削平面间夹角为锐角时，前角为正值 $+\gamma_o$；前面与切削平面间的夹角为钝角时，前角为负值 $-\gamma_o$。

2）后角 α_o：正交平面中，主后面与切削平面之间的夹角，为了减小后面和工件之间的摩擦。

3）主偏角 κ_r：在基面上，主切削刃的投影与进给方向之间的夹角。

4）副偏角 κ_r'：在基面上，副切削刃的投影与进给反方向之间的夹角。

5）刃倾角 λ_s：切削平面中，主切削刃与基面之间的夹角。

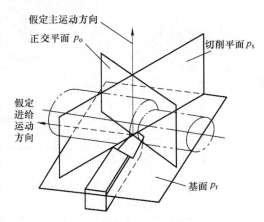

图 1-30　车刀切削部分的辅助平面

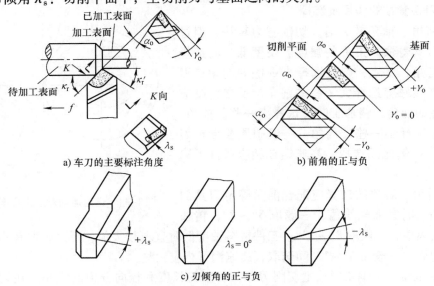

a）车刀的主要标注角度

b）前角的正与负

c）刃倾角的正与负

图 1-31　车刀切削部分的几何角度

5. 工作角度

在切削加工中，由于车刀的安装位置和进给运动的影响，刀具在实际切削中的角度将发生一定的变化，这是由于基面、切削平面和正交平面的实际位置发生变化而造成的，如图1-32～图1-34所示。图中，下角标"e"表示工作角度。

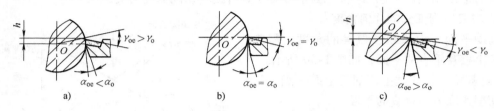

图1-32　车刀安装高度对前角和后角的影响

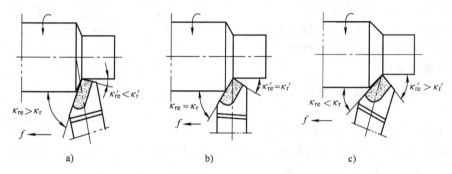

图1-33　车刀安装偏斜对主偏角和副偏角的影响

切削过程中，由于进给运动的存在，加工表面实际上是一个螺旋面，实际的切削平面和基面都要偏转一个螺旋升角，从而引起工作前角增大，工作后角减小。但是一般情况下的车削，由于进给量相对于工件直径是很小的，所以对车刀工作前、后角的影响可以忽略不计，但是车削导程较大的螺纹时必须考虑螺旋升角的影响，否则切削将无法顺利进行。

6. 车刀各参数的作用及选择

（1）前角　前角较大时，切削省力轻快，但过大则降低刀具寿命。工件的强度、硬度低，应选择大一些的前角，反之，则应选择小一些的前角；刀具材料的韧性好应选择大一些的前角，反之，则应选择小一些的前角；精加工时应选择大一些的前角，粗加工时应选择小一些的前角。一般硬质合金车刀前角在 $-5°\sim20°$ 之间选取，高速钢在相应条件下取大些。

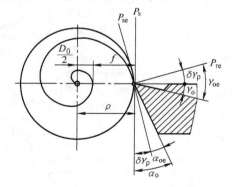

图1-34　进给运动对工作角度的影响

（2）后角　后角的选择应配合前角确定刀具的强度。粗加工时宜取较小值，一般取 $5°\sim8°$，精加工时宜取较大值，一般取 $8°\sim12°$；工件材料硬度低时宜取较大值，反之，取较小值。硬质合金车刀的后角一般在 $6°\sim12°$ 间选取，高速钢可相应大些。

（3）主偏角　主偏角影响主切削刃参与切削的长度和径向分力的大小。在切削力同样大小的情况下，增大主偏角，垂直于主轴轴线的切削分力减小。当工件的刚性较差时，为减小工件的变形和振动应选择较大的主偏角。加工细长轴时，一般要取较大的主偏角。通常，加工细长轴时，宜选用75°～90°甚至大于90°的主偏角；单件或小批量生产时，选用通用性好的45°车刀及90°偏刀。主偏角还影响切削条件和刀具的寿命，减小主偏角，可使参加切削的切削刃长度增加，切屑变薄，使单位长度切削刃上的负荷减小。

（4）副偏角　副偏角影响工件表面粗糙度。在吃刀量、进给量和主偏角相同的情况下，减小副偏角可以使已加工表面的残留面积减小，即表面粗糙度值变小。副偏角主要依据工件表面粗糙度选取，一般粗加工时取5°～10°，精加工时取0°～5°。

（5）刃倾角　刃倾角主要影响刀头强度与加工时的排屑方向，如图1-35所示。当刃倾角为零度时，切屑沿着与主切削刃垂直的方向流动；当刃倾角为正值时，切屑流向待加工表面；当刃倾角为负值时，切屑流向已加工表面。刃倾角一般取 $-10°$ ～5°，粗加工时一般取负值，精加工时，为避免切屑划伤已加工表面，刃倾角常取正值。负的刃倾角可以提高刀具的耐冲击性。

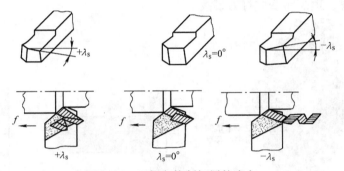

图1-35　刃倾角控制切屑的流向

选择刀具几何角度时，应遵循"锐字当先，锐中求固"的原则，即将刀具锋利放在第一位，同时保证刀具有一定的强度。国内外先进刀具在角度的变革方面，大致有"三大一小"的趋势，即采用大的前角、刃倾角和主偏角，采用小的后角。

知识二　数控车床常用夹具

【知识目标】

　⊃ 车床夹具的作用和要求。
　⊃ 数控车床常用夹具及其特点。

【知识链接】

一、车床夹具简介

车床的夹具主要是指安装在车床主轴上的夹具，这类夹具和车床主轴相连接并带动工件一起随主轴旋转。车床夹具主要分成两大类：各种卡盘，适用于盘类零件和短轴类零件加工的夹具；中心孔、顶尖，定心定位安装工件的夹具，适用于长度尺寸较大或加工工序较多的轴类零件。

数控车削加工要求夹具应具有较高的定位精度和刚性，结构简单、通用性强，便于在机床上安装及迅速装卸工件，便于实现自动化等特性。

二、各种卡盘夹具

在数控车床加工中，大多数情况是使用工件或毛坯的外圆定位，以下几种就是靠圆周来定位的夹具。

1. 自定心卡盘

（1）自定心卡盘特点　自定心卡盘如图 1-36 所示，是最常用的车床通用卡具。自定心卡盘最大的优点是可以自动定心，夹持范围大，装夹速度快，但定心精度存在误差，不适于同轴度要求高的工件的二次装夹。为了防止车削时因工件变形和振动而影响加工质量，工件在自定心卡盘中装夹时，其悬伸长度不宜过长。若工件直径≤30mm，其悬伸长度不应大于直径的 3 倍；若工件直径 >30mm，其悬伸长度不应大于直径的 4 倍。限制悬伸长度也可避免工件被车刀顶弯、顶落而造成打刀事故。

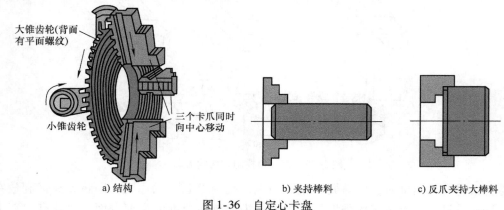

| a) 结构 | b) 夹持棒料 | c) 反爪夹持大棒料 |

图 1-36　自定心卡盘

（2）卡爪　数控车床有两种常用的标准卡盘卡爪，即硬卡爪和软卡爪，如图 1-37 所示。

a) 硬卡爪　　　　　　　　　　　b) 软卡爪

图 1-37　自定心卡盘的硬卡爪和软卡爪

当卡爪夹持在未加工面上，如铸件或粗糙棒料表面，需要大的夹紧力时，使用硬卡爪。通常为保证刚度和耐磨性，硬卡爪要进行热处理，硬度较高。

当需要减小两个或多个零件径向跳动偏差，以及在已加工表面不希望有夹痕时，则应使用软卡爪。软卡爪通常用低碳钢制造，在使用前，为配合被加工工件，要进行镗孔加工。

软卡爪装夹的最大特点是工件虽经多次装夹仍能保持一定的位置精度，大大缩短了工件的装夹校正时间。在使用软卡爪或每次装卸零件时，应注意固定使用同一扳手方孔，夹紧力也要均匀一致，改用其他扳手方孔或改变夹紧力的大小，都会改变卡盘平面螺纹的移动量，从而影响装夹后的定位精度。

2. 液压动力卡盘

自定心卡盘常见的有机械式和液压式两种。液压卡盘动作灵敏，装夹迅速、方便，能实现较大夹紧力，能提高生产率和减轻劳动强度，但夹持力范围变化小，尺寸变化大时需重新调整卡爪位置。自动化程度高的数控车床经常使用液压动力卡盘，尤其适用于批量加工。

液压动力卡盘夹紧力的大小可通过调整液压系统的油压进行控制，以适应棒料、盘类零件和薄壁套筒零件的装夹。

3. 单动卡盘

单动卡盘如图 1-38 所示。每个基体卡座上的卡爪，能单独手动粗、精位置调整，可手动操作分别移动各卡爪，使零件夹紧、定位。加工前要把工件加工面中心对中到卡盘（主轴）中心。

单动卡盘要比其他类型的卡盘需要用更多的时间来夹紧和对正零件。因此，对提高生产率来说至关重要的数控车床上很少使用这种卡盘。单动卡盘一般用于定位、夹紧不同心或结构不对称的零件表面。用单动卡盘、花盘、角铁（弯板）等装夹不规则偏重工件时，必须加配重。

4. 高速动力卡盘

为了提高数控车床的生产率，对其主轴提出越来越高的要求，以实现高速甚至超高速切削。现在有的数控车床主轴转速甚至达到 100000r/min。对于这样高的转速，一般的卡盘已不适用，而必须采用高速动力卡盘才能保证安全可靠地进行加工。高速动力卡盘常增设离心力补偿装置，利用补偿装置的离心力抵消卡爪组件离心力造成的夹紧力损失。另一个方法是减轻卡爪组件质量以减小离心力。

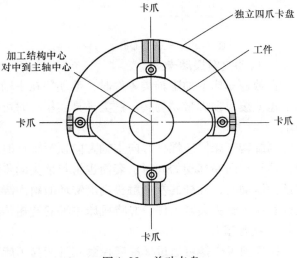

图 1-38　单动卡盘

【知识拓展】

对于长度尺寸较大或加工工序较多的轴类零件，为保证每次装夹时的装夹精度，可用两顶尖装夹。

1. 中心孔

中心孔是轴类零件的常用定位基准。工件装在主轴顶尖和尾座顶尖之间，但车床两顶尖轴线如不重合（前后方向），车削的工件将成为圆锥体。因此，必须横向调节车床的尾座，使两顶尖轴线重合。中心孔类型的选择不可忽视。轴类零件两端用来支承、装夹用的中心孔，有4种类型，其结构与用途均有区别，适应不同的加工精度与装夹要求，不可混用。因此，选择时应注意遵循下述原则：

1）对于精度一般的轴类零件，中心孔不需要重复使用的，可选用 A 型中心孔，如图1-39所示。

2）对于精度要求高，工序较多，需多次使用中心孔的轴类零件，应选用 B 型中心孔。B 型中心孔比 A 型多一个120°的保护锥，用来保护60°锥面不致碰伤，如图1-40所示。

3）C 型中心孔是将上述两种中心孔的圆柱孔部分，用内螺纹来代替。对于需要在轴向固定其他零件的工件，可选用这种带内螺纹的中心孔。

4）R 型中心孔与 A 型的区别是将60°锥面变为圆弧面，因而与顶尖的接触变为线接触，可自动纠正少量的位置偏差，适用于定位精度要求高的轴类零件，但很少使用。

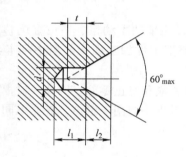

图1-39 A 型中心孔

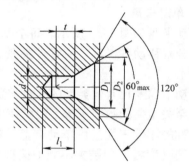

图1-40 B 型中心孔

2. 自动夹紧拨动卡盘

在数控车床上加工轴类零件时，毛坯装在主轴顶尖和尾座顶尖之间，工件用主轴上的拨动卡盘或拨齿顶尖带动旋转。这类夹具在粗车时可传递足够大的转矩，以适应主轴高转速地切削。

当旋转车床尾座螺杆并向主轴方向顶紧工件时，顶尖也同时顶压起着自动复位作用的弹簧，顶尖在向左移动的同时，套筒也将与顶尖同步移动。在套筒的槽中装有杠杆，当套筒随着顶尖运动时，杠杆的左端触头则沿锥环的斜面绕着支承销轴线作逆时针方向摆动，从而使杠杆右端的触头夹紧工件，并将机床主轴的转矩传给工件。

3. 拨齿顶尖

拨齿顶尖壳体可通过标准变径套或直接与车床主轴孔连接，壳体内装有用于坯件定心的顶尖，拨齿套通过螺钉与壳体连接，止退环可防止螺钉的松动。数控车床通常采用此夹具加工 $\phi10 \sim \phi660\text{mm}$ 直径的轴类零件。

4. 复合卡盘与一夹一顶

复合卡盘不仅可用在两顶尖间安装工件，还适用于一夹一顶方式安装工件。为保证加工过程中刚性较好，车削较重工件时采用一端夹住另一端用后顶尖顶住的方法。为了防止工件由于切削力的作用而产生轴向位移，必须在卡盘内装一限位支承，或利用工件的台阶限位，这样能承受较大的轴向切削力，轴向定位准确。

中心孔定心装夹工件的一些注意点如下：

在顶尖间加工轴类工件时，车削前要调整尾座顶尖轴线与车床主轴轴线重合。在两顶尖间加工细长轴时，应使用跟刀架或中心架。在加工过程中要注意调整顶尖的顶紧力，固定顶尖和中心架应注意润滑。使用尾座时，套筒尽量伸出短些，以减小振动。

知识三　常用量具的使用

【知识目标】

　　⮕ 游标卡尺的结构、原理及使用和读数方法。
　　⮕ 千分尺的结构、原理及使用和读数方法。

【知识链接】

一、量具简介

量具或检验的工具，称为计量器具，其中比较简单的称为量具，具有传动放大或细分机构的称为量仪。

一般工作使用的量具有如下几种。

简易量具：塞尺、钢直尺、卷尺和卡钳等，用于精度要求不高的测量。

游标量具：游标卡尺、游标高度卡尺、游标深度卡尺、游标齿厚卡尺和游标公法线卡尺等，用于精度要求较高的测量。

千分量具：内径千分尺、外径千分尺和深度千分尺等，用于高精度的测量。

平直度量具：水平仪，用于水平度测量。

角度量具：有直角尺、万能角度尺和正弦尺等，用于角度测量。

这里仅简单介绍一下钢直尺、游标卡尺和千分尺的使用方法。图 1-41 所示为几种常用的量具。

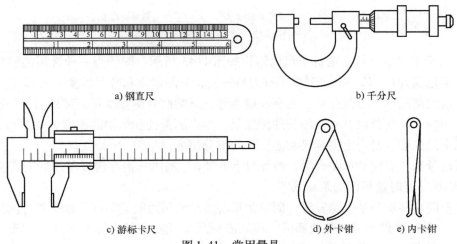

a) 钢直尺　　　　　　　　　　　b) 千分尺

c) 游标卡尺　　　　　　d) 外卡钳　　　e) 内卡钳

图 1-41　常用量具

二、几种常用的量具

1. 钢直尺

使用钢直尺时，应以左端的零刻度线为测量基准，这样不仅便于找正测量基准，而且便于读数。测量时，尺要放正，不得前后左右歪斜，否则从直尺上读出的数据会比被测的实际尺寸大。用钢直尺测圆截面直径时，被测面应平，使尺的左端与被测面的边缘相切，摆动尺子找出最大尺寸，即为所测直径。

2. 游标卡尺

（1）游标卡尺的种类　游标卡尺属于游标类量具，它是一种常用的量具，具有结构简单、使用方便、精度中等和测量的尺寸范围广等特点。

游标卡尺可以用来测量零件的外径、内径、长度、宽度、厚度、深度和孔距等，如图1-42所示。

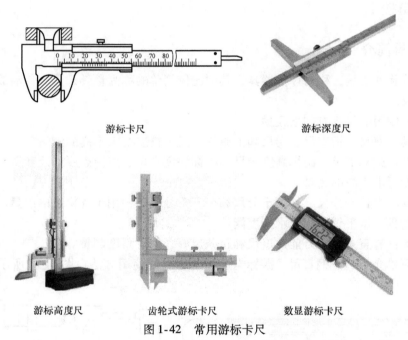

游标卡尺　　　　　　　　　　　游标深度尺

游标高度尺　　　　齿轮式游标卡尺　　　数显游标卡尺

图1-42　常用游标卡尺

（2）游标卡尺的结构　游标卡尺的结构如图1-43所示。图示为一种常用的轻巧型游标卡尺，测量范围为0～125mm，制成带有刀口的上、下测量爪和带有深度尺的形式。

上端两内测量爪可测量孔径、孔距和槽宽等；下端两外测量爪可测量外圆、外径和外形长度等；游标卡尺的背面有一根细长的深度尺，用来测量孔和沟槽的深度。

游标卡尺的读数机构由主标尺和游标尺两部分组成。

当活动量爪与固定量爪贴合时，游标尺上的"0"刻线（简称游标零线）对准主标尺上的"0"刻线，此时量爪间的距离为零。

当尺框向右移动到某一位置时，固定量爪与活动量爪之间的距离，就是零件的测量尺寸（图1-43）。此时零件尺寸的整数部分，可在游标尺零线左边的主标尺刻线上读来，而比1mm小的小数部分，可借助游标读数机构来读出。

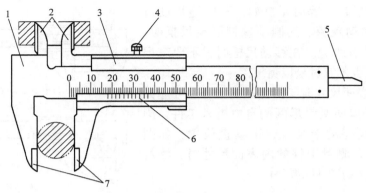

图 1-43 游标卡尺的结构
1—尺身 2—内测量爪 3—尺框 4—制动螺钉
5—深度尺 6—游标尺 7—外测量爪

（3）游标卡尺的刻线原理 游标卡尺的游标尺零位和读数举例如图 1-44a 所示，主标尺每小格为 1mm，当两爪合并时，游标尺上的第 50 格刚好等于主标尺上的 49mm，则游标尺每格间距 = 49/50mm = 0.98mm。

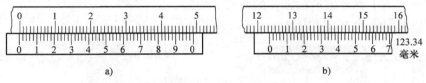

a)   b)

图 1-44 游标尺零位和读数举例

主标尺每格间距与游标尺每格间距相差（1 - 0.98）mm = 0.02mm。0.02mm 即为此种游标卡尺的最小读数值。

（4）游标卡尺的读数方法

1）读出游标尺上零线在主标尺上的毫米数；

2）读出游标尺上哪一条刻线与主标尺对齐；

3）把主标尺和游标尺上的两尺寸加起来，即为测量尺寸。

在图 1-44b 中，游标尺零线在 123mm 与 124mm 之间，游标尺上的第 17 格刻线与主标尺刻线对准，所以，被测尺寸的整数部分为 123mm，小数部分为 17 × 0.02mm = 0.34mm，被测尺寸为（123 + 0.34）mm = 123.34mm。

（5）游标卡尺的测量范围和精度 按所能测量的零件尺寸范围，游标卡尺分为不同的规格。一种规格的游标卡尺只能适用于一定的尺寸范围。

测量或检验零件尺寸时，要按照零件尺寸精度的要求，选用相适应的量具。游标卡尺是一种中等精度的量具，不能用于测量精度要求高的零件，只能用于测量和检验中等精度的尺寸。游标卡尺不能用来测量毛坯件，否则容易受到损坏。

（6）游标卡尺的使用方法

1）游标卡尺是一种中等精度的量具，只适用于中等精度零件的测量。

2）测量前，先把游标卡尺擦拭干净；检验测量爪紧密贴合时是否有明显缝隙；检查主标尺和游标尺是否对准；最后检查被测量面是否平直无损。

3）移动尺框时，活动要自如，不应过松或过紧，更不能有晃动现象。用制动螺钉固定尺框时，卡尺的读数不应有改变。在移动尺框时，不要忘记松开制动螺钉，也不宜过松以免掉落。

4）测量外表面尺寸时，测量爪的张开尺寸应大于工件的尺寸，以便测量爪两侧自由进入工件。测量时，可以轻轻摇动卡尺，放正垂直位置，如图1-45所示。同样，测量工件的内表面尺寸时，测量爪的张开尺寸应小于工件的尺寸。

3. 千分尺

千分尺是一种精密量具，其测量精度比游标卡尺高，可达到0.001mm。工厂中习惯上把千分尺称为分厘卡。千分尺的种类很多，机械加工车间常用的有外径千分尺、内径千分尺、壁厚千分尺、深度千分尺、螺纹千分尺和公法线千分尺等，如图1-46所示。它们分别用于测量或检验零件的外径、内径、厚度、深度以及螺纹的中径和齿轮的公法线长度等。

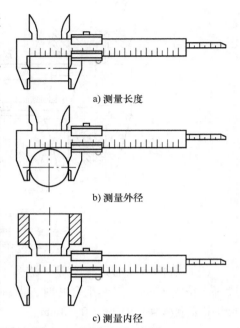

a）测量长度

b）测量外径

c）测量内径

图1-45　游标卡尺的使用方法

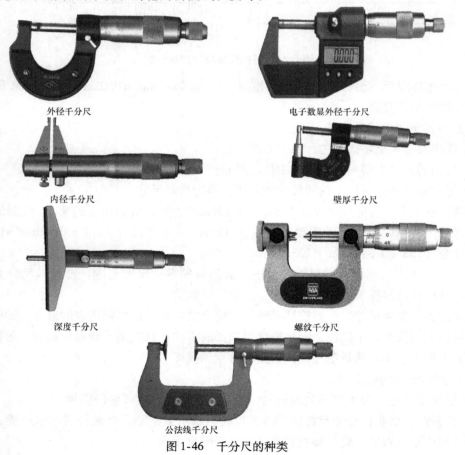

外径千分尺

电子数显外径千分尺

内径千分尺

壁厚千分尺

深度千分尺

螺纹千分尺

公法线千分尺

图1-46　千分尺的种类

（1）外径千分尺的结构　常用外径千分尺用于测量或检验零件的外径、凸肩厚度以及板厚等。外径千分尺由尺架、测砧、棘轮和微分筒等组成。图1-47所示是测量范围为0～25mm的外径千分尺。

尺架1的一端装着固定测砧2，另一端装着测微螺杆。固定测砧和测微螺杆的测量面上都镶有硬质合金，以提高测量面的使用寿命。尺架的两侧面覆盖着绝热板12；使用千分尺时，手拿在绝热板上，防止人体的热量影响千分尺的测量精度。

（2）外径千分尺的工作原理

外径千分尺工作时依靠螺旋读数机构的工作，它包括一对精密的螺纹——测微螺杆与螺纹轴套，如图1-47中的3和4，和一对读数套筒——固定套管与微分筒，如图1-47中的5和6。

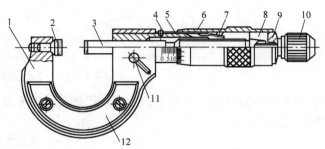

图1-47　0～25mm外径千分尺

1—尺架　2—固定测砧　3—测微螺杆　4—螺纹轴套　5—固定套管
6—微分筒　7—调节螺母　8—接头　9—垫片　10—棘轮
11—锁紧螺钉　12—绝热板

用千分尺测量零件的尺寸，就是把被测零件置于千分尺的两个测量面之间，两测砧面之间的距离就是零件的测量尺寸。当测微螺杆在螺纹轴套中旋转时，由于螺旋线的作用，测量螺杆就作轴向移动，使两测砧面之间的距离发生变化。如测微螺杆顺时针方向旋转一周，两测砧面之间的距离就缩小一个螺距。同理，若逆时针方向旋转一周，则两测砧面的距离就增大一个螺距。常用千分尺测微螺杆的螺距为0.5mm，因此，当测微螺杆顺时针旋转一周时，两测砧面之间的距离就缩小0.5mm。当测微螺杆顺时针旋转不到一周时，缩小的距离就小于一个螺距，它的具体数值，可从与测微螺杆连成一体的微分筒的圆周刻度上读出。微分筒的圆周上刻有50个等分线，当微分筒转一周时，测微螺杆就前进或后退0.5mm，微分筒转过它本身圆周刻度的一小格时，两测砧面之间移动的距离为

$$0.5/50mm = 0.01mm$$

由此可知：此种千分尺上的螺旋计数机构可以正确地读出0.01mm，也就是千分尺的分度值为0.01mm。

（3）外径千分尺的读数方法

1）读出微分筒边缘在固定套管上所显示的最大尺寸，即被测尺寸的毫米数和半毫米数；

2）读出微分筒上哪一格对齐固定套管上的基准线，即半毫米以下的数值；

3）把两个读数相加即得到千分尺实测尺寸。读数示例如图1-48所示。

如图1-48a所示，在固定套管上读出的尺寸为6mm，微分筒上读出的尺寸为5（格）×0.01mm=0.05mm，两数相加即得被测零件的尺寸为6.05mm；

如图1-48b所示，在固定套管上读出的尺寸为35mm，在微分筒上读出的尺寸为7（格）×0.01mm=0.07mm，两数相加即得被测零件的尺寸为35.07mm。

（4）外径千分尺的测量范围和精度　千分尺是一种测量精度比较高的通用量具，按它的制造精度，可分0级和1级两种，0级精度较高，1级次之。千分尺的制造精度主要由它

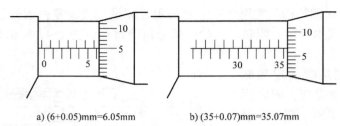

a) (6+0.05)mm=6.05mm　　b) (35+0.07)mm=35.07mm

图 1-48　千分尺读数示例

的示值误差和测砧面的平行度误差以及尺架受力时变形量的大小来决定。千分尺的测量范围与精度见表 1-3。

表 1-3　千分尺的测量范围与精度　　　　　　　　　（单位：mm）

测量范围	示值误差		两测量面平行度	
	0 级	1 级	0 级	1 级
0 ~ 25	± 0.002	± 0.004	0.001	0.002
25 ~ 50	± 0.002	± 0.004	0.0012	0.0025
50 ~ 75、75 ~ 100	± 0.002	± 0.004	0.0015	0.003
100 ~ 125、125 ~ 150		± 0.005		
150 ~ 175、175 ~ 200		± 0.006		
200 ~ 225、225 ~ 250		± 0.007		
250 ~ 275、275 ~ 300		± 0.007		

测量不同公差等级的工件时，应首先检验标准规定，合理选用千分尺。不同精度外径千分尺的适用范围可参考表 1-4。

表 1-4　外径千分尺的适用范围

千分尺的精度等级	被测件的公差等级	
	适用范围	合理使用范围
0 级	IT8 ~ IT16	IT8 ~ IT9
1 级	IT9 ~ IT16	IT9 ~ IT10

千分尺在使用过程中，由于磨损，特别是使用不妥当时，会使示值误差超差，所以应定期进行检查，进行必要的拆洗或调整，以便保持千分尺的测量精度。

（5）千分尺的使用方法　用千分尺测量工件时，一般用单手或双手使用，正确使用方法如图 1-49 所示。

图 1-49　千分尺的正确使用方法

1）千分尺常用测量范围分 0 ~ 25mm，25 ~ 50mm，50 ~ 75mm，75 ~ 100mm 等，间隔 25mm。因此，在使用时应根据被测工件的尺寸选择相应的千分尺。

2）使用前，把千分尺测砧端面擦拭干净，校准零线。对 0 ~ 25mm 千分尺应将两测量面接触，此时微分筒上零线上应与固定套管上基准线对齐。对其他范围的千分尺则用标准样棒来校准。如果零线不对准，则可松开罩壳，略转套管，使其零线对齐。

3）测量时，将工件被测表面擦拭干净，并将千分尺置于两测量面之间，使千分尺测量轴线与工件中心线垂直或平行。

4）测砧与工件接触，然后旋转微分筒，使测砧端面与工件测量表面接近，这时旋转棘轮盘，直到棘轮发出 2 ~ 3 响"咔咔"声时为止，然后旋紧固定螺钉。

5）轻轻取下千分尺。这时，千分尺指示数值就是所测量工件的尺寸。

6）使用完毕后，将千分尺擦拭干净，并涂上凡士林，存放在千分尺盒内。

注意：

1）使用前必须校对零位。

2）测量时，千分尺要放正，不得歪斜。

3）测量读数时要特别注意半毫米刻度的读取。

4）禁止重压或弯曲千分尺，且两测砧端面不得接触，以免影响千分尺的精度。

5）不得用千分尺测量毛坯；不得在工件转动时测量工件尺寸；不得把千分尺当作锤子敲物。

【知识拓展】

量具的维护和保养

正确地使用量具是保证产品质量的重要条件之一。要保持量具的精度和它工作的可靠性，除了在使用中要按照正确的使用方法进行操作以外，还必须做好量具的维护和保养工作。

在机床上测量零件时，要等零件完全停稳后进行，否则不但使量具的测量面过早磨损而失去精度，且会造成事故。

测量前应把量具的测量面和零件的被测量表面都揩干净，以免因有赃物存在而影响测量精度。用精密量具如游标卡尺、千分尺或百分表等，去测量锻、铸件毛坯，或带有研磨剂（如金刚砂等）的表面是错误的，这样易使测量面很快磨损而失去精度。

量具在使用过程中，不要和工具、刀具（如锉刀、锤子、车刀和钻头）堆放在一起，以免碰伤量具。也不要随便放在机床上，以免因机床振动而使量具掉下来损坏。尤其是游标卡尺等，应平放在专用盒子里，以免使尺身变形。

量具是测量工具，绝对不能作为其他工具的代用品。例如拿游标卡尺划线，拿千分尺当小锤子，拿钢直尺旋螺钉，以及用钢直尺清理切屑等。

温度对测量结果影响很大，零件的精密测量一定要使零件和量具都在 20℃ 的情况下进行测量。一般可在室温下进行测量，但必须使工件与量具的温度一致，否则，由于金属材料的热胀冷缩的特性，使测量结果不准确。

不要把精密量具放在磁场附近，例如磨床的磁性工作台上，以免使量具被磁化。

量具使用后，应及时揩干净，除不锈钢量具或有保护镀层者外，金属表面应涂上一层防锈油，放在专用的盒子里，保存在干燥的地方，以免生锈。

课题五　数控车削编程基础

【课题描述】

在正式学习编程之前，必须了解数控车床的坐标系，掌握数控车床编程的内容和特点、程序的结构和格式以及常用的指令。

【课题重点】

- ⬆ 掌握数控车削编程的内容、种类和方法。
- ⬆ 数控编程中程序的构成和常用的程序段格式。
- ⬆ 掌握 M、F、S、T 指令的含义及其应用。

知识一　数控车床编程特点

【知识目标】

- ➡ 了解数控编程的内容及方法。
- ➡ 掌握数控车床坐标系设定规则。
- ➡ 掌握数控车床的编程特点并会应用。

【知识链接】

一、数控编程概述

数控编程是数控加工准备阶段的主要内容，通常包括：分析零件图样，确定加工工艺过程；计算刀具路径，得出刀位数据；编写数控加工程序；校对程序及首件试切。总之，它是从零件图样到获得数控加工程序的全过程。

1. 数控编程的内容

1）分析零件图、确定加工工艺。

2）数值计算。

3）编写零件加工程序。

4）程序输入数控系统。

5）程序校对和首件试切。

2. 数控编程的种类

（1）手工编程　手工编程是指编程的各个阶段均由人工完成，利用一般的计算工具，通过各种数学方法，人工进行刀具路径的运算，并进行程序编制。

这种方式比较简单，很容易掌握，适应性较大。适用于中等复杂程度、计算量不大的零件编程，对机床操作人员来讲必须掌握。

（2）自动编程　对于几何形状复杂的零件，需借助计算机使用规定的数控语言编写零件源程序，经过处理后生成加工程序，称为自动编程。常用的自动编程软件有 UG、CAXA、Mastercam 等。随着制造业技术的飞速发展，数控编程软件的开发和使用也进入了一个高速发展的新阶段，新产品层出不穷，功能模块越来越细化，工艺人员可以在微计算机上轻松地设计出科学合理并富有个性化的数控加工程序，把数控加工编程变得更加容易、便捷。

二、数控编程特点

1. 数控机床的坐标系

为简化编程和保证程序的通用性，对数控机床的坐标轴和方向命名制订了统一的标准。规定直线进给坐标轴用 X，Y，Z 表示，常称基本坐标轴。X，Y，Z 坐标轴的相互关系用右手定则决定，如图 1-50 所示。图中大拇指的指向为 X 轴的正方向，食指指向为 Y 轴的正方向，中指指向为 Z 轴的正方向。

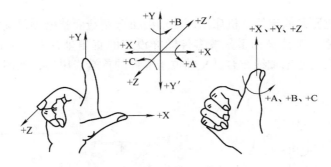

图 1-50　数控机床的坐标系设定

围绕 X，Y，Z 轴旋转的圆周进给坐标轴分别用 A，B，C 表示。根据右手螺旋定则，以大拇指指向 +X，+Y，+Z 方向，则食指、中指等的指向是圆周进给运动的 +A，+B，+C 方向。

2. 数控车床的坐标系

数控车床的坐标系如图 1-51 所示。

数控车床使用 X 轴、Z 轴组成的直角坐标系，X 轴与主轴轴线垂直，Z 轴与主轴轴线平行，接近工件的方向为负方向，离开工件的方向为正方向。图 1-52a 所示是前置刀架，为数控车床的坐标轴正方向。

如果是后置刀架，Z 轴方向相同，X 轴方向相反，如图 1-52b 所示。

（1）机床原点　机床原点又称机械原点，它是机床坐标系的原点。该点是机床上的一个固定的点，是机床制造商设置在机床上的一个

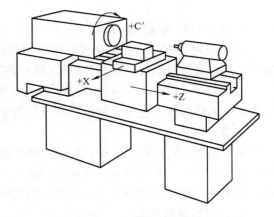

图 1-51　数控车床的坐标系

物理位置，通常用户不允许改变。机床原点是工件坐标系、机床参考点的基准点。车床的机床原点为主轴旋转中心与卡盘后端面之交点，如图 1-53 所示。

（2）机床参考点　机床参考点是机床制造商在机床上用行程开关设置的一个物理位置，

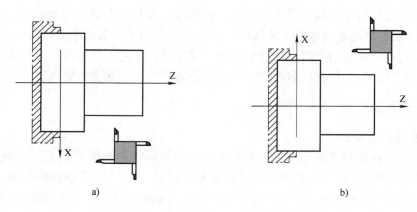

图 1-52　数控车床中 X、Z 轴的方向

与机床原点的相对位置是固定的，机床出厂之前由机床制造商精密测量确定。

（3）工件坐标系　工件坐标系是按零件图样设定的直角坐标系，又称浮动坐标系。通常工件坐标系的 Z 轴与主轴轴线重合，X 轴位于零件的首端或尾端，如图 1-54 所示。

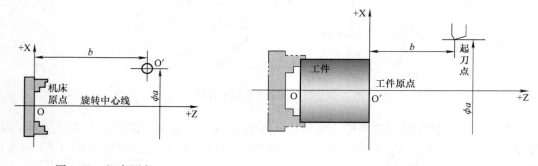

图 1-53　机床原点　　　　　　　　　　图 1-54　工件坐标系

3. 绝对坐标和增量坐标

（1）绝对坐标　刀具运动过程中，刀具的位置坐标以程序原点为基准标注或计量，这种坐标值称为绝对坐标，在程序中用代码 G90 指定。

（2）增量坐标　刀具运动的位置坐标是指刀具从当前位置到下一个位置之间的增量，这种坐标值称为增量坐标。增量坐标也称为相对坐标，在程序中用代码 G91 指定。

4. 直径编程方式

在车削加工的数控程序中，X 轴的坐标值取为零件图样上的直径值。如图 1-55 中 A 点坐标为（30，0），B 点坐标为（40，-20）。采用直径尺寸编程与零件图样中的尺寸标注一致，这样可以避免尺寸换算过程中可能造成的错误，给编程带来很大方便。

5. 进刀和退刀方式

对于车削加工，进刀时采用快速走刀接近工件切削起点附近的某个点，再改用切削进给，以减少空走刀的时间，提高加工效率。切削起点的确定与工件毛坯余量有关，应以刀具快速走到该点时刀尖不与工件发生碰撞为原则，如图 1-56 所示。

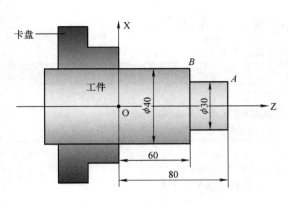

图 1-55　直径编程方式

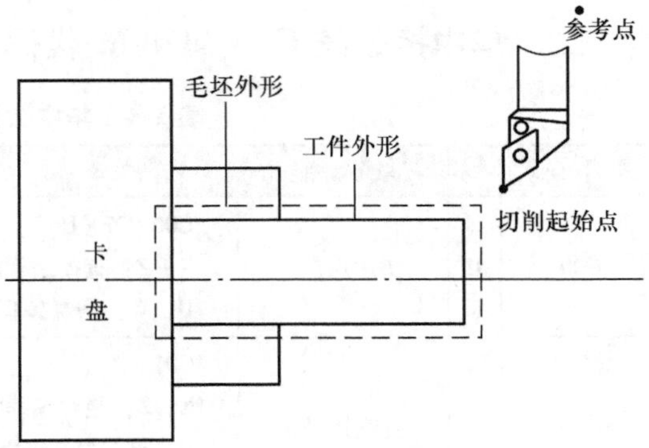

图 1-56　进刀和退刀方式

知识二　数控加工程序的构成

【知识目标】

◎ 数控加工程序的构成和常用的程序段格式。

◎ 掌握华中、广数、SIMENS 系统 G、M、F、S、T 指令功能含义及其应用。

【知识链接】

一、数控加工的程序

1. 概念

数控加工程序就是一系列指令有序的集合。通过这些指令使刀具按直线、圆弧或者其他曲线运动以完成切削加工，同时控制主轴的正反转、停止，切削液的开关，自动换刀等。

2. 结构

数控加工程序由程序开始、程序内容及程序结束三个部分组成。程序的开始为程序号，用作加工程序的开始标志。程序的内容由一个一个程序段组成，而每一个程序段是由一个或若干个信息字组成，每一个信息字是由地址符加数字组成。在程序中指令的最小单位是信息字，仅地址符或者数字符号是不能作为指令的。

程序结束可以用辅助功能代码 M02、M30 等来表示程序结束，只有等待新的指令后才能继续运行加工。

表 1-5 列出华中、广数和西门子三个系统的程序构成。

表 1-5　数控车床华中、广数和西门子三个系统的程序构成

	华中	广数	西门子
程序名	字母 O + 数字（一般 4 位数字）；如 O1234	字母 O + 数字（一般 4 位数字）；如 O1256	字母 + 数字（不超过 8 位）；如 HJ123
程序开始	% + 程序号；如%1234	O + 程序号；如 O1256	
程序主体	由程序构成	由程序构成	由程序构成
程序结束	M02 或 M30	M02 或 M30	M02 或 M30

二、华中控系统 G 代码和 M 代码（见表1-6、表1-7）

表1-6　华中数控系统支持的 G 代码

G 代码	组	功　能	格　式
G00	01	快速定位	G00　X（U）__　Z（W）__ X，Z：直径编程时，快速定位终点在工件坐标系中的坐标 U，W：增量编程时，快速定位终点相对于起点的位移量
√G01		直线插补	G01　X（U）__　Z（W）__　F__ X，Z：绝对编程时，终点在工件坐标系中的坐标 U，W：增量编程时，终点相对于起点的位移量 F：合成进给速度
		倒角加工	G01　X（U）__　Z（W）__　C__ G01　X（U）__　Z（W）__　R__ X，Z：绝对编程时，为未倒角前两相邻程序段轨迹的交点 G 的坐标值 U，W：增量编程时，为 G 点相对于起始直线轨迹的始点 A 点的移动距离 C：倒角终点 C，相对于相邻两直线的交点 G 的距离 R：倒角圆弧的半径值
G02		顺圆插补	G02X（U）__　Z（W）__ $\left\{ \begin{array}{l} I\_K\_\\ R\_ \end{array} \right\}$ F__ X，Z：绝对编程时，圆弧终点在工件坐标系中的坐标 U，W：增量编程时，圆弧终点相对于圆弧起点的位移量 I，K：圆心相对于圆弧起点的增加量，在绝对增量编程时，都以增量方式指定；在直径半径编程时，I 都是半径值 R：圆弧半径 F：倍编程的两个轴的合成进给速度
G03		逆圆插补	同上
G02（G03）		倒角加工	G02（G03）　　X（U）__　Z（W）__　R__　RL=__ G02（G03）　　X（U）__　Z（W）__　R__　RC=__ X，Z：绝对编程时，为未倒角前圆弧终点 G 的坐标值 U，W：增量编程时，为 G 点相对于圆弧始点 A 点的移动距离 R：圆弧半径值 RL=：倒角终点 C，相对于未倒角前圆弧终点 G 的距离 RC=：倒角圆弧的半径值
G04	00	暂停	G04P__ P：暂停时间，单位为 s
G20 √G21	08	英寸输入 毫米输入	G20　X__　Z__ 同上
G28 G29	00	返回参考点 由参考点返回	G28　X__　Z__ G29　X__　Z__

（续）

G 代码	组	功　能	格　式
G32	01	螺纹切削	G32　X（U）＿　Z（W）＿　R＿　E＿　P＿　F＿ X，Z：绝对编程时，有效螺纹终点在工件坐标系中的坐标 U，W：增量编程时，有效螺纹终点相对于螺纹切削起点的位移量 F：螺纹导程，即主轴每转一圈，刀具相对于工件的进给量 R，E：螺纹切削的退尾量，R 表示 Z 向退尾量；E 表示 X 向退尾量 P：主轴基准脉冲处距离螺纹切削起点的主轴转角
√G36 G37	17	直径编程 半径编程	
√G40 G41 G42	09	刀尖半径补 偿取消 左刀补 右刀补	G40　G00（G01）　X＿　Z＿ G41　G00（G01）　X＿　Z＿ G42　G00（G01）　X＿　Z＿ X，Z 为建立刀补或取消刀补的终点，G41/G42 的参数由 T 代码指定
√G54 G55 G56 G57 G58 G59	11	坐标系选择	
G71	06	① 内（外） 径粗车复合循 环（无凹槽加 工时） ② 内（外） 径粗车复合循 环（有凹槽加 工时）	① G71　U（Δd）　R（r）　P（ns）　Q（nf）　X（Δx）　Z（Δz）　F（f）　S（s）　T（t） ② G71U（Δd）　R（r）　P（ns）　Q（nf）　E（e）　F（f）　S（s）　T（t） Δd：切削深度（每次切削量），指定时不加符号。 r：每次退刀量 ns：精加工路径第一程序段的顺序号 nf：精加工路径最后程序段的顺序号 Δx：X 方向精加工余量 Δz：Z 方向精加工余量 f，s，t：粗加工时 G71 种编程的 F、S、T 有效，而精加工时处于 ns 到 nf 程序段之间的 F、S、T 有效 e：精加工余量，其为 X 方向的等高距离；外径切削时为正，内径切削时为负
G72		端面粗车 复合循环	G72　W（Δd）　R（r）　P（ns）　Q（nf）　X（Δx）　Z（Δz）　F（f）　S（s）　T（t） 参数含义同上
G73		闭环车削复 合循环	G73U（ΔI）　W（ΔK）　R（r）　P（ns）　Q（nf）　X（Δx）　Z（Δz）　F（f）　S（s）　T（t） ΔI：X 方向的粗加工总余量 ΔK：Z 方向的粗加工总余量 r：粗切削次数 ns：精加工路径第一程序段的顺序号 nf：精加工路径最后程序段的顺序号 Δx：X 方向精加工余量 Δz：Z 方向精加工余量 f，s，t：粗加工时 G71 种编程的 F、S、T 有效，而精加工时处于 ns 到 nf 程序段之间的 F，S，T 有效

（续）

G 代码	组	功　能	格　式
G76	06	螺纹切削复合循环	G76　C(c)　R(r)　E(e)　A(a)　X(x)　Z(z)　I(i)　K(k)　U(d)　V（Δdmin）　Q(Δd)　P(P)　F(L) c：精整次数（1~99）为模态值 r：螺纹 Z 向退尾长度（00~99）为模态值 e：螺纹 X 向退尾长度（00~99）为模态值 a：刀尖角度（二位数字）为模态值；在 80、60、55、30、29、0 六个角度中选一个 x，z：绝对编程时为有效螺纹终点的坐标；增量编程时为有效螺纹终点相对于循环起点的有向距离 i：螺纹两端的半径差 k：螺纹高度 Δdmin：最小切削深度 d：精加工余量（半径值） Δd：第一次切削深度（半径值） P：主轴基准脉冲处距离切削起始点的主轴转角 L：螺纹导程
G80		① 圆柱面内（外）径切削循环 ② 圆锥面内（外）径切削循环	① G80　X ___　Z ___　F ___ ② G80　X ___　Z ___　I ___　F ___ I：切削起点 B 与切削终点 C 的半径差
G81		端面车削固定循环	G81　X ___　Z ___　F ___
G82		① 直螺纹切削循环 ② 锥螺纹切削循环	① G82　X ___　Z ___　R ___　E ___　C ___　P ___　F ___ ② G82　X ___　Z ___　I ___　R ___　E ___　C ___　P ___　F ___ R，E：螺纹切削的退尾量，R、E 均为向量，R 为 Z 向回退量；E 为 X 向回退量，R、E 可以省略，表示不用回退功能 C：螺纹线数，为 0 或 1 时切削单线螺纹 P：单线螺纹切削时，为主轴基准脉冲处距离切削起始点的主轴转角（缺省值为 0）；多线螺纹切削时，为相邻螺纹头的切削起始点之间对应的主轴转角 F：螺纹导程 I：螺纹起点 B 与螺纹终点 C 的半径差
√G90 G91	13	绝对编程 相对编程	
G92	00	工件坐标系设定	G92　X ___　Z ___
√G94 G95	14	① 每分钟进给速率 ② 每转进给	① G94　[F ___] ② G95　[F ___] F：进给速度
G96 G97	16	恒线速度切削	G96　S ___ G97　S ___ S：G96 后面的 S 值为切削的恒定线速度，单位为 m/min；G97 后面的 S 值取消恒线速度后，指定的主轴转速，单位为 r/min；如缺省，则为执行 G96 指令前的主轴转速度

表 1-7　华中数控系统支持的 M 代码

代码	意　义	格　式
√M00	程序停止	
√M02	程序结束	
√M03	主轴正转起动	
√M04	主轴反转起动	
√M05	主轴停止转动	
M08	切削液开启（车）	
M09	切削液关闭	
√M30	结束程序运行且返回程序开头	
√M98	子程序调用	M98　P＿Lxx 调用程序号为 O＿的程序 xx 次
√M99	子程序结束	子程序格式： O＿ … M99

三、广州数控系统 G 代码和 M 代码（见表 1-8、表 1-9）

表 1-8　广州数控系统支持的 G 代码

代码	组别	意　义	格　式
G00		快速定位	G00　X（U）＿　Z＿　（W）＿;
G01		直线插补	G01　X（U）＿　Z（W）＿　F＿;
G02	01	圆弧插补（顺时针方向 CW）	G02　X＿　Z＿　R＿　F; 或 G02　X＿Z＿　I＿　K＿　F;
G03		圆弧插补（逆时针方向 CCW）	G03　X＿　Z＿　R＿　F; 或 G03　X＿　Z＿　I＿　K＿　F;
G04	00	暂停	G04　P＿;（单位：0.001s） G04　X＿;（单位：秒） G04　U＿;（单位：秒）
G28		自动返回机械原点	G28　X（U）＿　Z（W）＿;
G32	01	切螺纹	G32X（U）＿　Z（W）＿　F＿;（米制螺纹）; G32X（U）＿　Z（W）＿　I＿;（英制螺纹）;
G50	00	坐标系设定	G50　X（x）　Z（z）;
G70		精加工循环	G70　P（ns）　Q（nf）;
G71	00	外圆粗车循环	G71U　（ΔD）　R（E）　F（F）; G71　P（NS）　Q（NF）　U（ΔU）　W（ΔW）　S（S） T（T）;
G72		端面粗车循环	G72　W（ΔD）　R（E）　F（F）; G72　P（NS）　Q（NF）　U（ΔU）　W（ΔW）　S（S） T（T）;

（续）

代码	组别	意　义	格　式
G73		封闭切削循环	G73　U(ΔI)　W(ΔK)　R(D)　F(F)； G73　P(NS)　Q(NF)　U(ΔU)　W(ΔW)　S(S)　T(T)；
G74	00	端面深孔加工循环	G74　R(e)； G74　X(U)　Z(W)　P(Δi)　Q(Δk)　R(Δd)　F(f)；
G75		外圆、内圆切槽循环	G75　R(e)； G75　X(U)　Z(W)　P(Δi)　Q(Δk)　R(Δd)　F(f)；
G76		复合型螺纹切削循环	G76　P(m)(r)(a)　Q(Δdmin)　R(d)； G76　X(U)　Z(W)　R(i)　P(k)　Q(Δd)　F(L)；
G90		外圆、内圆车削循环	G90　X(U)　__　Z(W)　__　R__　F__；
G92	01	螺纹切削循环	G92　X(U)　__　Z(W)　__　　F__；（米制螺纹） G92　X(U)　__　Z(W)　__　I__；（英制螺纹）
G94		端面车削循环	G94　X(U)　__　Z(W)　__　F__；
G98	03	每分进给	G98
G99		每转进给	G99

表1-9　广州数控系统支持的M代码

代码	意　义	格　式
M00	程序暂停，按"循环起动"程序继续执行	
M03	主轴正转	
M04	主轴反转	
M05	主轴停止	
M08	切削液开	
M09	切削液关	
M30	程序结束	
M98	子程序调用	M98　P__；
M99	子程序结束	M99；

四、西门子数控系统G代码、M代码及其他指令格式（见表1-10~表1-12）

表1-10　西门子数控系统支持的G代码

分类	分组	代码	意　义	格　式	备　注
插补	1	G0	快速线性移动	G0　X__　Z__	
		G1*	带进给率的线性插补	G1　X__　Z__	
		G2	顺时针圆弧（终点+圆心）	G2　X__　Z__　I__　K__	X、Z确定终点，I、K确定圆心
			顺时针圆弧（终点+半径）	G2　X__　Z__　CR=__	X、Z确定终点，CR为半径（大于0为优弧，小于0为劣弧）

（续）

分类	分组	代码	意义	格式	备　注
插补	1	G2	顺时针圆弧（圆心＋圆心角）	G2　AR = ＿　I ＿ K ＿	AR 确定圆心角（0°～360°），I、K 确定圆心
			顺时针圆弧（终点＋圆心角）	G2　AR = ＿　X ＿ Z ＿	AR 确定圆心角（0°～360°），X、Z 确定终点
		G3	逆时针圆弧（终点＋圆心）	G3　X ＿　Z ＿　I ＿ K ＿	
			逆时针圆弧（终点＋半径）	G3　X ＿　Z ＿　CR = ＿	
			逆时针圆弧（圆心＋圆心角）	G3　AR = ＿　I ＿ K ＿	
			逆时针圆弧（终点＋圆心角）	G3　AR = ＿　X ＿ Z ＿	
		G5	通过中间点进行圆弧插补	G5　Z ＿　X ＿ KZ ＿　IX ＿	通过起始点和终点之间的中间点位置 确定圆弧的方向 G5 一直有效，直到被 G 功能组中其他的指令取代为止
		G33	加工恒螺距螺纹	G33　Z ＿　K ＿	圆柱螺纹加工
				G33　Z ＿　X ＿ K ＿	圆锥螺纹加工（锥角小于 45°）
				G33　Z ＿　X ＿ I ＿	圆锥螺纹加工（锥角大于 45°）
				G33　X ＿　I ＿	端面螺纹加工
				G33　Z ＿　K ＿　SF = ＿ 　Z ＿　X ＿　K ＿ 　Z ＿　X ＿　K ＿	多段连续螺纹加工 SF = ：起始点偏移值
暂停	2	G4	通过在两个程序段之间插入 一个 G4 程序段，可以使加工中 断给定的时间	G4　F ＿ G4　S ＿	G4　F ＿：暂停时间（s） G4　S ＿：暂停主轴转速
主轴运动	3	G25	通过在程序中写入 G25 或 G26 指令和地址 S 下的转速， 可以限制特定情况下主轴的极 限值范围	G25　S ＿	主轴转速下限
		G26		G26　S ＿	主轴转速上限
增量设置	14	G90 *	绝对尺寸	G90	
		G91	增量尺寸	G91	
单位	13	G70	英制单位输入	G70	
		G71 *	米制单位输入	G71	

（续）

分类	分组	代码	意义	格式	备　注
可设定的零点偏移	9	G53	取消可设定零点偏移（程序段方式有效）	G53	
	8	G500 *	取消可设定零点偏移（模态有效）	G500	
		G54	第一可设定零点偏移值	G54	
		G55	第二可设定零点偏移值	G55	
		G56	第三可设定零点偏移值	G56	
		G57	第四可设定零点偏移值	G57	
进给	15	G94 *	进给率	F	mm/min
		G95	主轴进给率	F	mm/n
	2	G63			
可编程的零点偏移	3	G158	对所有坐标轴编程零点偏移	G158	后面的 G158 指令取代先前的可编程零点偏移指令；在程序段中仅输入 G158 指令而后面不跟坐标轴名称时，表示取消当前的可编程零点偏移
	2	G74	回参考点（原点）	G74　X __ 　Z __	G74 之后的程序段原先"插补方式"组中的 G 指令将再次生效；G74 需要一独立程序段，并按程序段方式有效
		G75	返回固定点	G75　X __ 　Z __	G75 之后的程序段原先"插补方式"组中的 G 指令将再次生效；G75 需要一独立程序段，并按程序段方式有效
刀具补偿	7	G40 *	取消刀尖半径补偿	G40	进行刀尖半径补偿时必须有相应的 D 号才能有效；刀尖半径补偿只在线性插补时才能选择
		G41	左侧刀尖半径补偿	G41	
		G42	右侧刀尖半径补偿	G42	
	18	G450 *	刀补时拐角走圆角	G450	圆弧过渡 刀具中心轨迹为一个圆弧，其起点为前一曲线的终点，终点为后一曲线的起点，半径等于刀具半径： 圆弧过渡在运行下一个，带运行指令的程序段时才有效
		G451	刀补时到交点时再拐角	G451	交点 回刀具中心轨迹交点—以刀具半径为距离的等距线交点

表 1-11　西门子数控系统支持的 M 代码

代码	意义	格式	功　能
M00	编程停止		
M01	选择性暂停		
M02	主程序结束返回程序开头		

（续）

代码	意义	格式	功　能
M03	主轴正转		
M04	主轴反转		
M05	主轴停转		
M06	换刀（缺省设置）		选择第 x 号刀，x 范围：0～32000，T0 取消刀具
		M6	T 生效且对应补偿 D 生效 H 补偿在 Z 轴移动时才有效
M17	子程序结束		若单独执行子程序，则此功能同 M2 和 M30 相同
M30	主程序结束且返回		

表 1-12　西门子数控系统支持其他指令及格式

指令	意义	格　式
IF	有条件程序跳跃	IF expression GOTOB LABEL 或 IF expression GOTOF LABEL LABEL： IF 跳转条件导入符 GOTOB 带向后跳跃目的的跳跃指令（朝程序开头） GOTOF 带向前跳跃目的的跳跃指令（朝程序结尾） LABEL 目的（程序内标号） LABEL：　跳跃目的；冒号后面的跳跃目的名 ＝ ＝等于 ＜ ＞不等于；＞ 大于；＜ 小于 ＞＝大于或等于；＜＝ 小于或等于
COS	余弦	cos（x）
SIN	正弦	sin（x）
SQRT	开方	SQRT（x）
GOTOB	向后跳转	GOTOB LABEL 向程序开始的方向跳转 LABEL：所选的标记符
GOTOF	向前跳转	GOTOF LABEL：向程序结束的方向跳转参数意义同上
LCYC93	切槽循环	R100 R101 R105 R106 R107 R108 R114 R115 R116 R117 R118 R119 LCYC93 R100：横向坐标轴起始点 R101：纵向坐标轴起始点 R105：加工类型（1～8） R106：精加工余量，无符号 R107：刀具宽度，无符号 R108：切入深度，无符号 R114：槽宽，无符号 R115：槽深，无符号 R116：角，无符号（0°～89.999°） R117：槽沿倒角长度 R118：槽底倒角长度 R119：槽底停留时间

（续）

指令	意义	格　式
LCYC94	凹凸切削循环	R100　R101　R105　R107 LCYC94 R105：形状定义（值55为形状E；值56为形状F） R107：刀具的刀尖位置定义（值1~4对应于位置1~4） 其余参数意义同LCYC93
LCYC95	毛坯切削循环	R105　R106　R108　R109　R110　R111　R112 LCYC95 R105：加工类型（1~12） R106：精加工余量，无符号 R108：切入深度，无符号 R109：粗加工切入角 R110：粗加工时的退刀量 R111：粗切进给率 R112：精切进给率
LCYC97	螺纹切削	R100　R101　R102　R103　R104　R105　R106　R109　R110　R111　R112 R113　R114 LCYC97 R100：螺纹起始点直径 R101：纵向轴螺纹起始点 R102：螺纹终点直径 R103：纵向轴螺纹终点 R104：螺纹导程值，无符号 R105：加工类型（1，2） R106：精加工余量，无符号 R109：空刀导入量，无符号 R110：空刀退出量，无符号 R111：螺纹深度，无符号 R112：起始点偏移，无符号 R113：粗切削次数，无符号 R114：螺纹头数，无符号

五、数控系统 S、T、F 代码功能

1. 主轴功能（S指令）

S指令控制主轴转速，其后的数值表示主轴转速，单位为转/每分钟（r/min）。

恒线速度功能时S指定切削线速度，其后的数值单位为米/每分钟（m/min）。

G96 恒线速度有效、G97 取消恒线速度。

S是模态指令，S功能只有在主轴转速可调节时有效。

S所编程的主轴转速可以借助机床控制面板上的主轴倍率开关进行修调。

2. 刀具功能（T指令）

T指令用于选刀，其后的4位数字分别表示选择的刀具号和刀具补偿号。

执行T指令时，转动转塔刀架，选用指定的刀具。

当一个程序段同时包含 T 指令与刀具移动指令时，先执行 T 指令，而后执行刀具移动指令。

3. 进给速度（F 指令）

F 指令表示工件被加工时刀具相对于工件的合成进给速度。

F 的单位取决于程序中对单位的设定。

华中、广数和西门子数控系统对 F 的单位的设定不同，见表 1-13，举例见表 1-14。

表 1-13　不同数控系统对 F 单位的设定

	每分钟进给量/(mm/min)	主轴每转一转刀具的进给量/(mm/r)
华中	G94	G95
广数	G98	G99
西门子	G94	G95

表 1-14　F 单位不同时在程序中的应用

	转速 1000r/min, v_f 为 100mm/min	转速 1000r/min, v_f 为 0.1mm/r
华中	G97（恒转速）G94（每分钟进给） M03 S1000 F100.0	G97（恒转速）G95（每转进给） M03 S1000 F0.1
广数	G97（恒转速）G98（每分钟进给） M03 S1000 F100.0	G97（恒转速）G99（每转进给） M03 S1000 F0.1
西门子	G97（恒转速）G94（每分钟进给） M03 S1000 F100.0	G97（恒转速）G95（每转进给） M03 S1000 F0.1

工作在 G01、G02 或 G03 方式下时，编程的 F 值一直有效，直到被新的 F 值所取代。

工作在 G00 方式下时，快速定位的速度是各轴的最高速度，与 F 值无关。

借助机床控制面板上的倍率按键，F 值可在一定范围内进行倍率修调。

执行攻螺纹循环、螺纹切削时，倍率开关失效，进给倍率固定在 100%。

【单元测评】

一、选择题

1. 从材料上刀具可分为高速钢刀具、硬质合金刀具、（　　）刀具、立方氮化硼刀具及金刚石刀具等。

A. 手工　　　　　　B. 机用　　　　　　C. 陶瓷　　　　　　D. 铣工

2. 主切削刃在基面上的投影与进给运动方向之间的夹角称为（　　）。

A. 前角　　　　　　B. 后角　　　　　　C. 主偏角　　　　　　D. 副偏角

3. 数控车床切削的主运动是（　　）。

A. 刀具纵向运动　　　　　　　　B. 刀具横向运动

C. 刀具纵向、横向的复合运动　　　　D. 主轴旋转运动

4. 使工件与刀具产生相对运动以进行切削的最基本运动，称为（　　）。

A. 主运动　　　　B. 进给运动　　　　C. 辅助运动　　　　D. 切削运动

5. 对刀具寿命要求最高的是（　　）。

A. 简单刀具   B. 可转位刀具

C. 精加工刀具   D. 自动化加工所用的刀具

6. 加工一般金属材料用的高速钢，常用牌号有 W18Cr4V 和（　　　）两种。

A. CrWMn   B. 9SiCr   C. 12Cr18Ni9   D. W6Mo5Cr4V2

7. 在钢中加入较多的钨、钼、铬、钒等合金元素形成（　　　）材料，用于制造形状复杂的切削刀具。

A. 硬质合金   B. 高速钢   C. 合金工具钢   D. 碳素工具钢

8. 一般切削（　　　）材料时，容易形成节状切屑。

A. 塑性   B. 中等硬度   C. 脆性   D. 高硬度

9. 粗加工应选用（　　　）。

A. 3% ~5% 乳化液   B. 10% ~15% 乳化液

C. 切削液   D. 煤油

10. 不属于主轴回转运动误差的影响因素有（　　　）。

A. 主轴的制造误差   B. 主轴轴承的制造误差

C. 主轴轴承的间隙   D. 工件的热变形

11. 砂轮的硬度是指（　　　）。

A. 砂轮的磨料、结合剂以及气孔之间的比例

B. 砂轮颗粒的硬度

C. 砂轮粘结剂的粘结牢固程度

D. 砂轮颗粒的尺寸

12. 普通车床加工中，进给箱中塔轮的作用是（　　　）。

A. 改变传动比   B. 增大扭矩   C. 改变传动方向   D. 旋转速度

13. 卧式车床加工尺寸公差等级可达（　　　），表面粗糙度 Ra 值可达 1.6μm。

A. IT9 ~ IT8   B. IT8 ~ IT7   C. IT7 ~ IT6   D. IT5 ~ IT4

14. 不符合文明生产基本要求的是（　　　）。

A. 严肃工艺纪律   B. 优化工作环境   C. 遵守劳动纪律   D. 修改工艺规程

15. 不属于岗位质量要求的内容是（　　　）。

A. 操作规程   B. 工艺规程

C. 工序的质量指标   D. 日常行为准则

二、判断题

1. （　　　）功能字 M 代码主要用来控制机床主轴的开、停、切削液的开关和工件的夹紧与松开等辅助动作。

2. （　　　）数控系统的 RS - 232 主要作用是用于数控程序的网络传输。

3. （　　　）删除键 DEL 在编程时用于删除已输入的字，不能删除在数控装置中存在的程序。

4. （　　　）程序编制中首件试切的作用是检验零件图设计的正确性。

5. （　　　）系统操作面板上单段功能生效时，每按一次"循环启动"键只执行一个程序段。

6. （　　　）对于连续标注的多台阶轴类零件，在编程时采用增量方式，可简化编程。

7. （　　） 两顶尖不适合偏心轴的加工。

三、简答题

1. 与普通车削相比，数控车削加工有哪些特点？

2. 数控车削加工的主要对象有哪些？

3. 简述数控车床的工作原理。

4. 对车刀切削部分材料有哪些要求？

5. 车刀的前角是根据什么原则来选择的？

6. 常用的车刀材料有几种？它们的用途有何区别？

7. 常用量具有哪些？简述其原理、读数方法和使用方法。

8. 应如何维护和保养数控车床？

9. 简述数控车床的故障分类。

10. 数控车床的编程特点是什么？

单元二

数控车削加工技能与操作

项目一 数控车床基本操作

【项目描述】

华中、广数、SIEMENS 三个系统的数控车床的基本操作。

【项目重点】

- 华中 HNC—21T/22T 系统的基本操作。
- 广数 GSK980—TD 系统的基本操作。
- SIEMENS—802S 系统的基本操作。

任务一 华中 HNC—21T/22T 系统基本操作

【任务目标】

- 掌握开机和关机操作。
- 掌握程序输入的操作方法。
- 掌握程序模拟操作和自动加工的方法。

【知识链接】

一、开机和关机操作

1）开机前检查"急停"按钮是否按下，HNC—21T/22T 系统为保护数控装置，一般要求开机前急停线路为关闭状态。

2）接通机床电源。机床上电，这时机床的照明电路接通，照明灯亮。大部分数控车床的机床电源安放在机床左侧主轴孔附近。

3）在机床操作面板上选择"NC 开"。数控机床上电后 HNC—21T/22T 会自动运行系统软件，此时显示器显示软件操作界面，如图 2-1 所示。

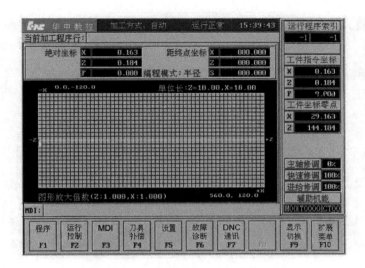

图 2-1 HNC—21T/22T 系统操作界面

4）按照"急停"开关的示意方向旋转弹出按钮，系统在 5～10s 后会进入手动状态，在这个期间可能会有短暂的转换过程，请不要急于操作，以免出现报警信息。

5）在当前工作方式由急停转变为手动状态时便可对机床进行回参考点的操作了。接下来的回参考点简称回零。

6）回零操作之前必须确认机床是否处于坐标系的负方向。一般在车床上刀架位于导轨及中滑板的中间位置即可，否则在回零时系统会使刀架向正方向移动，直到达到正方向限位为止。如果机床刀架处于零点或正方向位置，则应先采用手动方式将刀架移动至负方向（靠近主轴方向）位置。在移动刀架的过程中要特别注意其移动顺序：先选择"手动"按钮，使系统处于手动工作状态，再按住"－Z"方向键，将刀架向－Z 方向移动。当刀架电动机保护罩与尾座完全离开后停下。再按住"－X"方向键，将刀架先向－X 方向移动。－X 方向的移动距离不要太远，当中滑板防护板露出即可。

7）若在移动过程出现移动距离过大而"超程"的现象，系统会出现"急停"的报警信息。这时可按住"超程解除"键不放，在几秒钟后，系统的"急停"信息会变成"复位"，由"复位"变到急停前的操作模式。接下来可选择"手动"方式，按住"超程解除"键不放，向超程的反方向移动。例如：X 正方向超程可按"－X"方向键来解除超程。

8）完成上面的操作后，机床刀架已经移动到各轴的负方向位置，这时选择"回零"按钮，系统处于"回零"状态。按下"＋X"方向键，刀架向机床正方向移动，移动时的速度不要过快，以免产生定位误差过大的报警。在确定了刀架与尾座无干涉后，按下"＋Z"方向键，刀架缓慢移动至参考点。到达参考点后，"＋X"和"＋Z"键的指示灯点亮，证明 X 轴和 Z 轴都已经回到参考点的位置。

9）返回参考点后，机床进入正常的工作状态。

10）当工作结束后，要求将机床刀架移动到床身尾部，以减少机床床身的变形。因此，在关机之前进行回零操作。回零结束后，按下"急停"按钮，同时关闭机床电源。

二、程序输入

1. 新建程序

1）在主菜单界面中选择【程序】或"F1"键菜单，如图2-2所示。

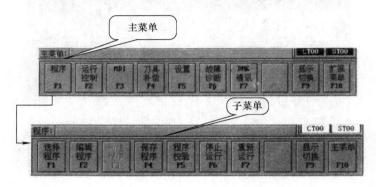

图2-2　主菜单和【程序】子菜单

2）程序菜单界面中选择功能键"F2""编辑程序"，进入编辑程序对话窗口。

3）在编辑程序窗口中，按下功能键"F3""新建程序"，这时会提示："输入新建文件名："。输入文件名后，按"Enter"键确认后可以对新建程序进行编辑了，如图2-3所示。

图2-3　新建程序界面

输入的程序名应该以字母 O 开头，后面接数字或字母，但最多不要超过 6 位，否则会出现系统报警。

4）建立好文件名后，在显示窗口中输入程序名，以"%"开始，后接数字。

在华中系统中可以把文件名看作一个文件夹，而程序则是在这个文件夹中的若干文件。也就是说在同一个文件名下可以建立若干个程序，常把主程序和子程序建立在一个文件名下。

2. 程序的调用和保存

在系统中可以保存若干个文件，这样一来在打开指定的文件时，就要在文件列表中进行选择。下面介绍选择程序的方法。

1）在主菜单窗口中按【程序】→【选择程序】命令选择程序，弹出如图2-4所示"选择程序"界面。

2）利用左、右光标键选择好磁盘后按"Enter"键，系统显示磁盘内程序列表。

3）利用上、下光标键选择指定文件，蓝条框表示当前所显位置，按"Enter"键系统弹出程序内容，如图2-5所示。

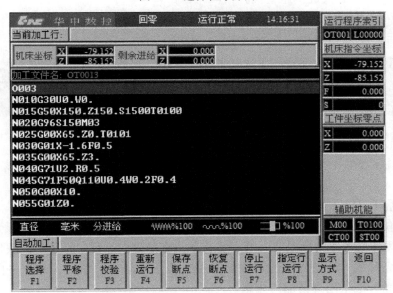

图 2-4 选择程序界面

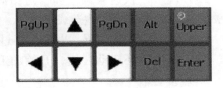

图 2-5 程序内容

4）进入到编辑界面后，可利用上、下、左、右键来移动光标到需要的位置，并且在程序页数较多时可按"PgUp"和"PgDn"翻页键来快速移动光标。选定好要修改的位置后，按"Del"键删除光标后面的字符，按"BS"键删除光标前一个字符，如图2-6所示。

图 2-6 光标控制功能

如果键入其他字母或数字，光标后的内容会自动后退。

5）程序编辑完成后，按功能键"F4"保存程序，这时在人机对话窗口中提示保存的程序名，并可对该程序名进行修改。最后按"Enter"键确认，如图2-7所示。

图2-7　保存程序

三、程序模拟操作及自动加工

1. 操作步骤

1）刀具偏置及程序准备好后，检查工件毛坯是否符合程序的要求。

2）选择"自动"键，使机床处于"自动"运行状态。

3）在主菜单操作界面中选择"F1"键，弹出程序对话菜单。

4）选择程序，按"F1"键选择程序。

5）按光标键，找出要执行的程序。按"Enter"键进入编辑状态。如果程序过多，可利用"PgUp""PgDn"翻页键快速查找。

6）按"F4"键保存程序，并在提示行输入程序名。按"Enter"键确定。

7）确定后，按"F5"键"校验程序"，如图2-8所示。

图2-8　自动方式下程序校验运行界面

8）按"显示切换"键调节显示屏幕内的显示内容。可在程序、仿真图形、坐标值中进行随时切换。

9）按"循环启动"键，开始仿真。

注意：在仿真操作时，机床必须返回参考点，并且对刀具进行偏置值的设定，否则，会出现"负软超程""未返回参考点"等报警信息。在仿真的过程中红色的线条代表G00快速进给，黄色线条代表G01进给方式。除刀具停放位置不当外，在加工的零件内部一般不会出现这两种线条，如果出现请加倍注意。

10）程序模拟成功后，便可进行实际加工。对于初学者先选择"单段"加工模式。

11）调节"快速修调"和"进给修调"的"—"键，建议各个修调倍率调节到20%～40%之间，以免速度太快造成事故。

12）拉上机床防护罩，以免加工过程中出现意外而造成人身伤亡事故。

13）按"循环启动"键，开始加工。

2. 精度控制

加工过程中由于对刀、测量的误差以及刀具磨损等诸多因素的影响，加工出来的零件尺寸和图样所给的尺寸有较大误差，关于如何能较好地保证实际加工过程中零件的尺寸，将在本书单元四数控车床操作工的模拟试题中来介绍。

任务二　广数 GSK980—TD 系统基本操作

【任务目标】

◯ 掌握手动操作方法。

◯ 掌握程序输入的操作方法。

◯ 掌握程序模拟操作和自动加工的方法。

【知识链接】

一、手动操作

1. 手动返回参考点

1）按参考点方式键选择回参考点操作方式，这时屏幕右下角显示"机械回零"。

2）选择移动轴，机床坐标轴沿着选择轴方向移动。

在减速点以前，机床坐标轴快速移动，碰到减速开关后慢速移动到参考点。在快速进给期间，快速进给倍率有效。

3）返回参考点后，返回参考点指示灯亮。

注1：返回参考点结束时，返回参考点结束指示灯亮。

注2：返回参考点结束指示灯亮时，在下列情况下灭灯：

① 从参考点移出时。

② 按下急停开关时。

注3：参考点方向，请参照机床厂家说明书。

2. 手动连续进给

1）按手动方式键选择手动操作方式，这时屏幕右下角显示"手动方式"。

2）按下手动轴向运动开关，一直到达参考点后，方可松开。机床坐标轴向选择的轴向运动。

注：手动期间只能一个轴运动，如果同时选择两轴的开关，也只能是先选择的那个轴运动。如果选择 2 轴机动，可手动两轴开关同时移动。

3）选择 JOG 进给速度。进给倍率与进给速度的关系见表2-1。

表 2-1　进给倍率与进给速度的关系

进给倍率(%)	进给速度/(mm/min)	进给倍率(%)	进给速度/(mm/min)
0	0	20	3.2
10	2.0	30	5.0

（续）

进给倍率（%）	进给速度/（mm/min）	进给倍率（%）	进给速度/（mm/min）
40	7.9	100	126
50	12.6	110	200
60	20	120	320
70	32	130	500
80	50	140	790
90	79	150	1260

4）快速进给。按下快速进给键 时，同带自锁的按钮，进行"开→关→开……"切换。当为"开"时，位于面板上部指示灯 亮，"关"时指示灯灭。选择为"开"时，手动以快速进给。

注1：快速进给时的速度与用程序指令快速进给（G00定位）时的速度相同。

注2：在编辑/手轮方式下，该键无效。

3. 手轮进给

转动手摇脉冲发生器，可以使机床微量进给。

1）按手轮方式键 选择手轮操作方式，这时屏幕右下角显示"手轮方式"。

2）选择手轮运动轴 。在手轮方式下，按下相应的键，则选择其轴，所选手轮轴的地址"U"或"W"闪烁。

注：在手轮方式下，按键有效。所选手轮轴的地址"U"或"W"闪烁。

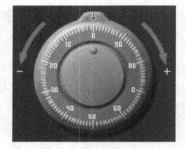

图2-9　手摇脉冲发生器

3）转动手摇脉冲发生器（图2-9）。右转：+方向。左转：－方向。

4）选择移动量 。按下增量选择键，选择移动增量，相应在屏幕左下角显示移动增量。每刻度的移动量见表2-2。

表2-2　每刻度的移动量

每刻度的移动量/mm			
米制输入	0.001	0.01	0.1

注1：表2-2中数值根据机械传动不同而不同。

注2：手摇脉冲发生器的速度应低于5r/s。如果超过此速度，即使手摇脉冲发生器回转结束，但仍在发出脉冲，就会出现刻度和移动量不符的现象。

注3：在手轮/单步方式下，该键有效。

4. 手动辅助功能操作

1）手动换刀 。手动/手轮/单步方式下，按下此键，刀架旋转换下一把刀。

2）切削液开关 。手动/手轮/单步方式下，按下此键，同带自锁的按钮，进行"开→关→开……"切换。

3）润滑开关 。手动/手轮/单步方式下，按下此键，同带自锁的按钮，进行"开→关→开……"切换。

4）主轴正转 。手动/手轮/单步方式下，按下此键，主轴正转起动。

5）主轴反转 。手动/手轮/单步方式下，按下此键，主轴反转起动。

6）主轴停止 。手动/手轮/单步方式下，按下此键，主轴停止转动。

7）主轴倍率增加、减少 （选择主轴模拟功能时）。

增加：按一次增加键，主轴倍率从当前倍率以下面的顺序增加一档：

　　　50%→60%→70%→80%→90%→100%→110%→120%。

减少：按一次减少键，主轴倍率从当前倍率以下面的顺序递减一档：

　　　120%→110%→100%→90%→80%→70%→60%→50%。

注：相应倍率变化在屏幕左下角显示。

二、自动运行

1. 运行方式

（1）存储器运行

1）首先把程序存入存储器中。

2）选择要运行的程序。

3）把方式选择于自动方式的位置。

4）按"循环启动"键。

（2）MDI 运行　从 LCD/MDI 面板上输入一个程序段的指令，并可以执行该程序段。例如：

X10.5　Z200.5；

1）把方式选择于 MDI 的位置（录入方式） 。

2）按"程序"键。

3）按"翻页"键后，选择在左上方显示有"程序段值"的画面，如图 2-10 所示。

4）键入 X10.5。

5）按"IN"键。X10.5 输入后被显示出来。按"IN"键以前，发现输入错误，可按"CAN"键，然后再次输入 X 和正确的数值。如果按"IN"键后发现错误，再次输入正确的数值。

6）输入 Z200.5。

7）按"IN"键，Z200.5 被输入并显示出来。

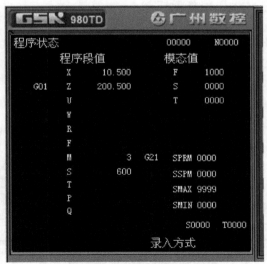

图 2-10　程序状态显示

8）按"循环启动"键。

2. 自动运行的停止

使自动运行停止的方法有两种：一是用程序事先在要停止的地方输入停止命令；二是在

操作面板上按"进给保持"键使它停止。

（1）程序停（M00）　含有 M00 的程序段执行后，停止自动运行。与单程序段停止相同，模态信息全部被保存起来。按"循环启动"键，能再次开始自动运行。

（2）程序结束（M30）

1）表示主程序结束。

2）停止自动运行，变成复位状态。

3）返回到程序的起点。

（3）进给保持　在自动运行中，按操作面板上的"进给保持"键 可以使自动运行暂时停止。

按"进给保持"键后，机床呈下列状态：

1）机床在移动时，进给减速停止。

2）执行 M、S、T 代码指令的动作后停止。

按"循环启动"键后，程序继续执行。

（4）复位　用 LCD/MDI 面板上的复位键 ，使自动运行结束，变成复位状态。在运动中如果进行复位，则机械减速后停止。

三、试运转

1. 全轴机床锁住

机床锁住开关 为"ON"时，机床不移动，但位置坐标的显示和机床运动时一样，并且 M、S、T 代码指令都能执行。此功能用于程序校验。

按一次此键，同带自锁的按钮，进行"开→关→开……"切换。当为"开"时指示灯亮，"关"时指示灯灭。

2. 辅助功能锁住

如果机床操作面板上的辅助功能锁住开关 置于"ON"位置，M、S、T 代码指令不执行，与机床锁住功能一起用于程序校验。

注：M00、M30、M98、M99 按常规执行。

3. 空运行

当空运行开关 为"ON"时，不管程序中如何指定进给速度，只能以表 2-3 中的速度运动。

表 2-3　空运行的进给速度

手动快速进给	程序指令	
	快速进给	切削进给
手动快速进给按钮 ON（开）	快速进给	JOG 进给最高速度
手动快速进给按钮 OFF（关）	JOG 进给速度或快速进给	JOG 进给速度

4. 进给保持后或者停止后的再启动

在进给保持开关为"ON"状态时（自动方式或者录入方式），按"循环启动"键，自动循环开始继续运行。

5. 单程序段

当单程序段开关 置于"ON"时，单程序段灯亮，执行一个程序段后停止。如果再按

"循环启动"键，则执行完下个程序段后停止。

四、安全操作

1. 急停

按下"急停"键⚫，机床运动立即停止，并且所有的输出，如主轴的转动、切削液等也全部关闭。旋转该键后急停解除，但所有的输出都需重新启动。

注：一按该键，机床就能锁住；解除的方法是旋转该键。

2. 超程

如果刀具进入了由参数规定的禁止区域（存储行程极限），则显示超程报警，刀具减速后停止。此时用手动把刀具向安全方向移动，按复位键，解除报警。具体的禁止区域范围，请参照机床厂家的说明书。

3. 报警处理

当出现异常运行时，请确认下列各项内容。

1）当屏幕显示报警代码时。请参照"报警代码一览表"确定故障原因。如果显示 PS □□□，则是关于程序或者设定数据方面的错误，应修改程序或者修改设定的数据。

2）当屏幕上不显示报警代码时。可根据屏幕的显示知道系统运行到何处和处理的内容，请参照"CNC 的状态显示"进行处理。

五、程序的编辑

该系统中，可以通过键盘操作来新建、选择及删除零件程序，可以对所选择的零件程序的内容进行插入、修改和删除等编辑操作，还可以通过 RS 232 接口与 PC 的串行口连接，将系统和 PC 中的数据进行双向传输。

零件程序的编辑需在编辑操作方式下进行。按🔲键进入编辑操作方式。

1. 程序的建立

1）按🔲键进入编辑操作方式。

2）按🔲键进入程序页面显示，按🔲键或🔲键选择程序显示方式，如图 2-11 所示。

3）按地址键，依次键入数字 0001（此处以建立 O0001 程序名为例），如图 2-12 所示。

4）按🔲键，建立新程序名，如图 2-13 所示。

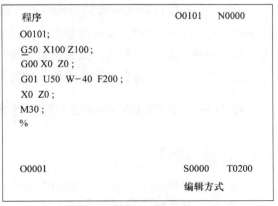

图 2-11 程序显示（一）   图 2-12 程序显示（二）

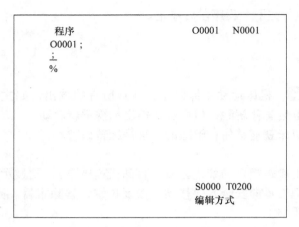

图2-13　程序显示（三）

5）将编好的程序逐字输入，然后按其他界面切换键或者工作方式切换键就可把程序存储起来，完成程序的输入。

2. 字的插入、删除、修改

选择编辑方式，按[程序PRG]键，显示程序画面，将光标定位在欲编辑的位置。

1）字的插入。按[插入修改]键改变文本编辑方式为插入方式（当文本编辑方式为修改方式时，按工作方式转换键，如"自动"也可实现同样功能），光标形状变为一短横，然后在光标所在位置输入地址字或数字即可实现插入。对复合键的处理是反复按此复合键，实现交替输入。另外，在下述两种情况下，小数点后会自动补0：

当光标前为小数点且光标不在行末时，输入地址字，小数点后自动补0；

当光标前为小数点且光标不在行末时，按[插入EOB]键，小数点后自动补0。

2）字的删除。按[取消CAN]键删除光标前一字符。按[删除DEL]键删除光标所在处字符。

3）字的修改。

方法1：先删除光标所在处的字符，然后插入想要修改成的字符。

方法2：按[插入修改]键将文本编辑由插入方式改为修改方式，光标形状将变为一反白矩形，然后移动光标到目标位置，输入想要修改成的字符。如果按键不是复合键，则修改后光标的位置后挪，否则光标位置不变，以实现复合键的交替输入。

注：修改方式下的文本编辑不能实现插入。

任务三　SIEMENS—802S 系统基本操作

【任务目标】

⊃ 掌握 SIEMENS—802S 系统的手动操作方法。

⊃ 掌握程序输入的操作方法。

⊃ 掌握程序模拟操作和自动加工的方法。

【知识链接】

一、手动操作

1. 手动返回参考点

1）接通数控装置和机床电源。系统引导以后进入"加工"操作区 JOG 运行方式，出现"回参考点"窗口，如图 2-14 所示。

用机床控制面板区域上"回参考点"键 启动回参考点运行。在回参考点窗口（图 2-14）中显示该坐标轴是否必须回参考点。

○坐标轴未回参考点。

●坐标轴已经到达参考点。

2）选择移动轴键 +x 、 -Z 。

按住坐标轴方向键，直至画面上出现坐标轴已经到达参考点的显示符。如果选择了错误的回参考点方向，则不会产生运动。

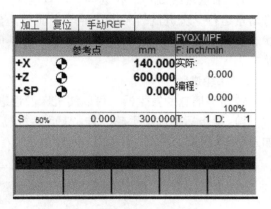

图 2-14　JOG 方式回参考点窗口

每个坐标轴应逐一回参考点。通过选择另一种运行方式（如 MDA、AUTO 或 JOG），可以结束该功能。

2. 手动连续进给键

1）可以通过机床控制面板区域上的 JOG 键选择 JOG 运行方式，如图 2-15 所示。

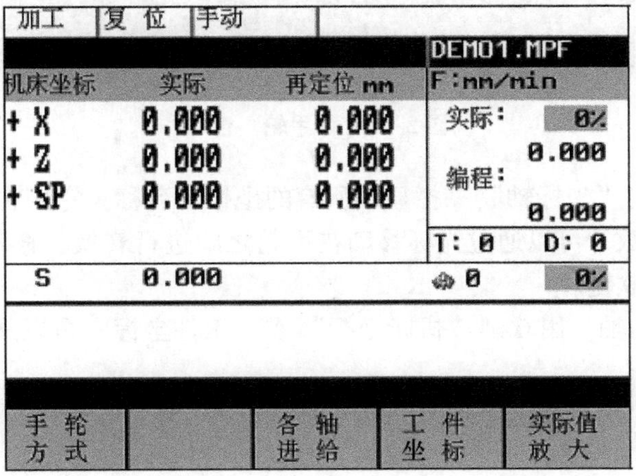

图 2-15　JOG 状态图

2）操作相应的键"＋X"或"－Z"可以使坐标轴运行。

只要相应的键一直按着，坐标轴就一直连续不断地以设定数据中规定的速度运行。如果设定数据值为"零"，则按照机床数据中存储的值运行。

3）选择 JOG 进给速度键 。需要时可以使用修调开关调节速度。修调开关可以按以下等级进行调节：0%，1%，2%，4%，8%，10%，20%，30%，40%，50%，60%，75%，80%，85%，90%，95%，100%，105%，110%，115%，120%。

4）快速进给键 。如果同时按相应的坐标轴键和快速进给键，则坐标轴以快进速度运行。

5）增量进给键。在选择"增量进给"以步进增量方式运行时，坐标轴以所选择的步进增量运行，步进量的大小在屏幕上显示。再按一次点动键就可以去除步进方式。在JOG状态图上显示位置、进给值、主轴值、刀具值、坐标轴进给率、主轴进给率和当前齿轮级状态。

3. 手轮进给

转动手摇脉冲发生器，可以使机床微量进给。

1）给坐标轴选择手轮，按"确认"键后有效，在JOG运行状态出现"手轮"窗口，如图2-16所示。

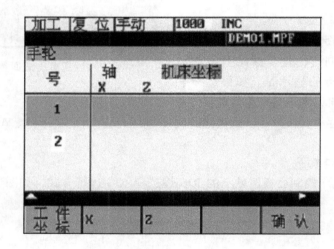

图2-16　"手轮"窗口

2）打开窗口，在"坐标轴"一栏显示所有的坐标轴名称，它们在软键菜单中也同时显示。视所连接的手轮数，可以通过光标移动在手轮之间进行转换，移动光标到所选的手轮，然后按相应坐标轴的软键。

3）选择手轮运动轴。用软键"机床坐标"或"工件坐标"可以从机床坐标系或工件坐标系中选择。

4）转动手摇脉冲发生器。

右转：＋方向。

左转：－方向。

5）选择移动量。按下增量选择键，选择移动增量，相应在屏幕上显示移动增量。

4. 手动辅助功能操作

1）手动换刀。手动/手轮/单步方式下，按下此键，刀架旋转换下一把刀。

2）切削液开关。手动/手轮/单步方式下，按下此键，同带自锁的按钮，进行"开→关→开……"切换。

3）润滑开关。手动/手轮/单步方式下，按下此键，同带自锁的按钮，进行"开→关→开……"切换。

4）主轴正转 。手动/手轮/单步方式下，按下此键，主轴正转起动。

5）主轴反转 。手动/手轮/单步方式下，按下此键，主轴反转起动。

6）主轴停止 。手动/手轮/单步方式下，按下此键，主轴停止转动。

7）主轴倍率的增加、减少。

二、自动运行

1. 运行方式

（1）进行零件自动加工的前提条件

1）已经回参考点。

2）已经输入了必要的补偿值，如零点偏移或刀具补偿。

3）把方式选择于自动方式的位置。

4）必要的安全锁定装置已经启动。

5）按"循环启动"键。

（2）MDA 运行方式　在 MDA 运行方式下可以编制一个零件程序段加以执行。不能加工由多个程序段描述的轮廓（如倒圆、倒角）。

从面板上输入一个程序段的指令，并可以执行该程序段。例如：

G00　X10.5　Z200.5；

1）进入加工操作区域。

2）通过机床控制面板区域上的手动数据键 可以选择 MDA 运行方式，如图 2-17 所示。

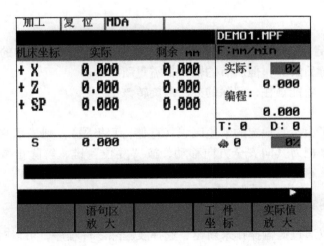

图 2-17　MDA 状态图

3）通过操作面板输入 G00　X10.5　Z200.5。

4）按"程序启动"键执行输入的程序段。在程序执行时不可以再对程序段进行编辑。

2. 自动运行的停止

使自动运行停止的方法有两种：一是用程序事先在要停止的地方输入停止指令；二是在操作面板上按"进给保持"键使它停止。

（1）程序停（M00）　　含有 M00 的程序段执行后，停止自动运行。与单程序段停止相同，模态信息全部被保存起来。按"循环启动"键，能再次开始自动运行。

（2）程序结束（M30）

1）表示主程序结束。

2）停止自动运行，变成复位状态。

3）返回到程序的起点。

（3）进给保持　　在自动运行中，按操作面板上的"进给保持"键 可以使自动运行暂时停止。

按"进给保持"键后，机床呈下列状态：

1）机床在移动时，进给减速停止。

2）执行 M、S、T 代码指令的动作后停止。

按"循环启动"键后，程序继续执行。

（4）复位　　复位键 使自动运行结束，变成复位状态。在运动中如果进行复位，则机械减速后停止。

（5）进给保持后或者停止后的再启动　　当按动"进给保持"键时，（自动方式或者 MDA 方式），按"循环启动"键，自动循环开始继续运行。

（6）单段运行　　当按"单段运行"键 时，执行程序的一个程序段后停止。如果再按"循环启动"键，则执行完下个程序段后停止。

三、安全操作

1. 急停

按下"急停"键，机床运动立即停止，并且所有的输出，如主轴的转动、切削液等也全部关闭。旋转该键后解除，但所有的输出都需重新启动。

一按该键，机床就能锁住；解除的方法是旋转该键。

2. 超程

如果刀具进入了由参数规定的禁止区域（存储行程极限），则显示超程报警，刀具减速后停止。此时用手动把刀具向安全方向移动，按"复位"键，解除报警。具体的禁止区域范围，请参照机床厂家的说明书。

四、程序的编辑

该系统中，可以通过键盘操作来新建、选择及删除零件程序，可以对所选择的零件程序的内容进行插入、修改和删除等编辑操作，还可以通过 RS232 接口与 PC 的串行口连接，将系统和 PC 中的数据进行双向传输。

零件程序的编辑需在手动或自动状态下进行。

1. 程序的建立

选择"程序"操作区，打开程序窗口，如图 2-18 所示。

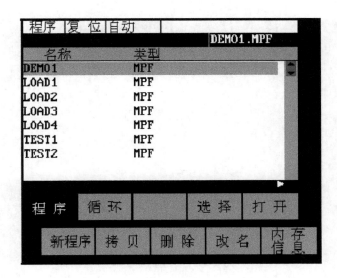

图 2-18 "程序"操作区

在第一次选择"程序"操作区时会自动显示"零件程序和子程序目录"。

1）循环。按"循环"键可以显示标准循环目录，只有具备相应的存取权限才可以实现此软键功能。

2）选择。操作此键可以选择用光标定位的、待执行的程序，然后按"程序启动"键启动该程序。

3）打开。可以打开光标定位的待执行文件。

4）新程序。操作此键可以输入新的程序。按下此键后出现一窗口，要求输入程序名和程序类型。按下"确认"键，调用程序编辑器，进行程序的输入。用"返回"键取消此功能。

5）拷贝。操作此键可以把所选择的程序复制到另一个程序中。

6）删除。用此键可以删除光标定位的程序。按下"确认"键执行清除功能，按"返回"键取消并返回。

7）改名。操作此键出现一窗口，在此可以更改光标所定位的程序名称。

输入新的程序名后按"确认"键，完成名称更改；用"返回"键取消此功能。

按"程序"键可以切换到程序目录菜单。

8）内存信息。操作此键，显示所有可以使用的内存（K 字节）。

2. 零件程序的编辑

零件程序不处于执行状态时，可以进行编辑，如图 2-19 所示。在零件程序中进行的任何修改均立即被存储。

1）程序。在主菜单下选择"程序"键，出现程序目录窗口。

2）用"光标"键⏏△ ⏏▽选择待编辑的程序。

3）编辑。

4）标记。用"标记"键标记所需要的程序段。

5）删除。用"删除"键删除所标记的程序段。

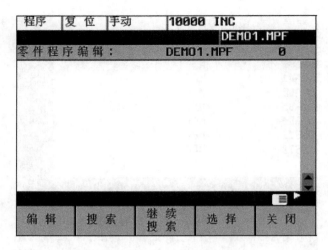

图 2-19   "编辑"窗口

6）拷贝。用"拷贝"键把所标记的程序段复制到中间存储器中。

7）粘贴。用"粘贴"键把所存储的程序段插入到当前光标所在位置。

8）搜索。使用"搜索"键和"继续搜索"键可以在所显示的程序中查找某一程序段。

9）文本。在输入行中输入所查找的程序名称，按"确认"键启动查找过程。如果所查找的字符串在程序文件中没有找到，则屏幕上显示相应的信息，按"确认"键应答。按"返回"键结束此窗口对话，不启动搜索过程。

10）行号。在对话框中输入所查找的程序段行号。按"确认"键启动查找过程。用"返回"键关闭对话窗口，不启动此查找过程。

11）继续搜索。按此键，在程序文件中继续查找下一个目标。

12）关闭。按此键，在文件中存储修改情况并关闭此文件。

项目二   直线、圆弧轮廓及沟槽的编程

【项目描述】

本项目主要介绍直线、圆弧移动指令的应用，直线、圆弧轮廓以及带有沟槽的简单轴类零件的编程。

【项目重点】

◯ 掌握 G00、G01 指令的应用。

◯ 掌握直线轮廓轴类零件的编程。

◯ 掌握圆弧轮廓轴类零件的编程。

◯ 掌握带有沟槽的简单轴类零件的编程。

任务一　直线轮廓编程

【任务目标】

◎ 掌握快速定位指令 G00、线性进给指令 G01 在编程中的应用。

◎ 掌握圆柱状、圆锥状简单轴类零件的编程方法。

【知识链接】

一、进给控制指令

1. 快速定位指令 G00

格式：G00　X（U）__　Z（W）__

说明

X、Z：绝对编程时，快速定位终点在工件坐标系中的坐标。

U、W：增量编程时，快速定位终点相对于起点的位移量。

G00 指令使刀具相对于工件以各轴预先设定的速度，从当前位置快速移动到程序段指定的定位目标点。G00 指令中的快移速度由机床参数"快移进给速度"对各轴分别设定，不能用 F 指令规定。

G00 一般用于加工前快速定位或加工后快速退刀。

快移速度可由面板上的快速修调按钮修正。

G00 为模态指令，可由 G01、G02、G03 指令注销。

注意：在执行 G00 指令时，由于各轴以各自速度移动，不能保证各轴同时到达终点，因而联动轴的合成轨迹不一定是直线。操作者必须格外小心，以免刀具与工件发生碰撞。常见的做法是，将 X 轴移动到安全位置，再放心地执行 G00 指令。

2. 线性进给指令 G01

格式：G01　X（U）__　Z（W）__　F__

说明

X、Z：绝对编程时终点在工件坐标系中的坐标。

U、W：增量编程时终点相对于起点的位移量。

F：合成进给速度。

G01 指令使刀具以联动的方式，按 F 指令规定的合成进给速度，从当前位置按线性路线（联动直线轴的合成轨迹为直线）移动到程序段指定的终点。

G01 是模态指令，可由 G00、G02、G03 等指令注销。

二、圆柱编程

车削圆柱时用到直线进给指令 G01

例：毛坯 ϕ30mm，工件如图 2-20 所示。

1. 加工工艺分析

此工件加工部分是一个 $\phi 28\text{mm} \times 15\text{mm}$ 的台阶，加工余量不大，可用外圆车刀一次加工完成。由于被加工工件没有技术要求，确定主轴转速为 600r/min，进给速度为 0.15mm/r（90mm/min）。

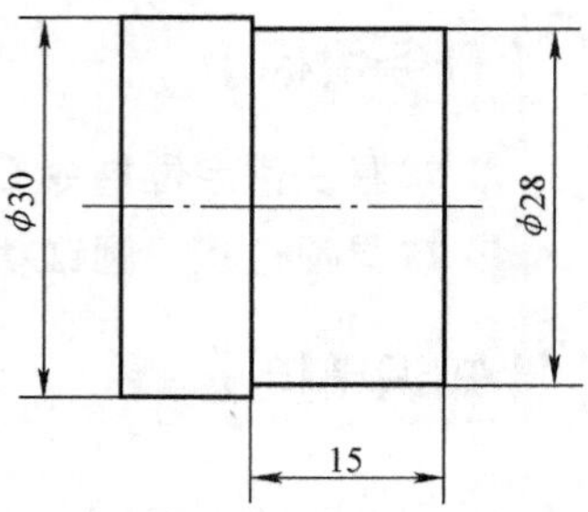

2. 加工步骤分析

1）刀具快速从换刀点移动到工件切入点，切入点应与毛坯有一段距离，防止刀具和工件接触，将刀具损坏。确定换刀点的位置时，应使刀具在进行换刀时不致造成刀具和毛坯碰撞。

2）加工外圆。

3）横向退刀。

4）快速回换刀点，程序结束。

3. 加工用刀、夹、量具

1）刀具：外圆车刀 T01 号刀。

2）夹具：自定心卡盘。

3）量具：一般精度游标卡尺即可。

4. 加工程序

华中、广数、西门子系统的加工程序见表2-4。

图 2-20　圆柱体工件

表 2-4　圆柱体工件的加工程序

华中	广数	西门子	说明
O1234	O3456；	SK001	程序名
%1234	O3456；		程序开始
G90　G94	G90　G98；	G90　G95	选定每分钟进给（或每转进给），绝对坐标编程
M03 S600 F90.0	M03 S600 F90.0；	M03 S600 F0.15	转速和进给速度给定
T0101	T0101；	T1	1号刀具
G00 X100.0 Z100.0	G00 X100.0 Z100.0；	G00 X100.0 Z100.0	快速移动到换刀点
M00	M00；	M00	暂停，检验对刀正确性
G00　X32.0　Z2.0	G00　X32.0　Z2.0；	G00　X32.0　Z2.0	快速靠近工件（刀具和毛坯不接触）
G01　X28.0　Z0	G01　X28.0　Z0；	G01　X28.0　Z0	至外圆切入点
G01　X28.0　Z-15.0	G01　X28.0　Z-15.0；	G01　X28.0　Z-15.0	加工外圆
G01　X32.0　Z-15.0	G01　X32.0　Z-15.0；	G01　X32.0　Z-15.0	横向退刀
G00　X100.0	G00　X100.0；	G00　X100.0	快速退刀
Z100.0	Z100.0；	Z100.0	快速回换刀点
M05	M05；	M05	主轴停止
M30	M30；	M30	程序结束

三、圆锥编程

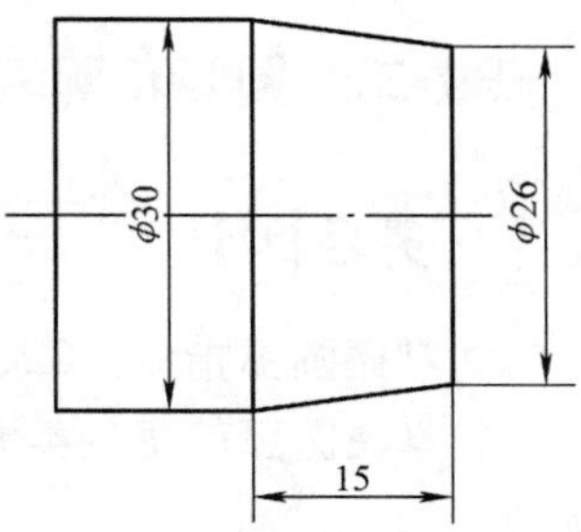

例：毛坯 $\phi30$mm，工件如图 2-21 所示。

1. 加工工艺分析

此工件加工部分是一个圆锥，加工余量不大，可用外圆车刀一次加工完成。由于被加工工件没有技术要求，确定主轴转速为 600r/min，进给速度为 0.15mm/r（90mm/min）。

图 2-21　圆锥体工件

2. 加工步骤分析

1）刀具快速从换刀点移动到工件切入点，切入点应与毛坯有一段距离，防止刀具和工件接触，将刀具损坏。确定换刀点的位置时，应使刀具在进行换刀时不致造成刀具和毛坯碰撞。

2）加工圆锥。

3）横向退刀。

4）快速回换刀点，程序结束。

3. 加工用刀、夹、量具

1）刀具：外圆车刀 T01 号刀。

2）夹具：自定心卡盘。

3）量具：一般精度游标卡尺即可。

4. 加工程序

华中、广数、西门子系统的加工程序见表 2-5。

表 2-5　圆锥体工件加工程序

华中	广数	西门子	说明
O4002	O4002；	SK001	程序名
%4002	O4002；		程序开始
G90　G94	G90　G98；	G90　G95	选定每分钟进给（或每转进给），绝对坐标编程
M03　S600　F90.0	M03　S600　F90.0；	M03　S600　F0.15	转速和进给速度给定
T0101	T0101；	T1	1 号刀具
G00　X100.0　Z100.0	G00　X100.0　Z100.0；	G00　X100.0　Z100.0	快速移动到换刀点
M00	M00；	M00	暂停，检验对刀正确性
G00　X32.0　Z2.0	G00　X32.0　Z2.0；	G00　X32.0　Z2.0	快速靠近工件（刀具和毛坯不接触）
G01　X26.0　Z0.0	G01　X26.0　Z0；	G01　X26.0　Z0	至外圆切入点
G01　X30.0　Z-15.0	G01　X30.0　Z-15.0；	G01　X30.0　Z-15.0	加工圆锥
G01　X32.0　Z-15.0	G01　X32.0　Z-15.0；	G01　X32.0　Z-15.0	横向退刀
G00　X100.0	G00　X100.0；	G00　X100.0	快速退刀
Z100.0	Z100.0；	Z100.0	快速回换刀点
M05	M05；	M05	主轴停止
M30	M30；	M30	程序结束

任务二　圆弧轮廓编程

【任务目标】

○ 掌握圆弧指令 G02、G03 在编程中的应用。

○ 掌握圆弧轮廓轴类零件的编程。

【知识链接】

实际生活中，零件除了直线轮廓外常见的还有圆弧轮廓，如图 2-22 所示。圆弧能够在数控车床上加工出来吗？

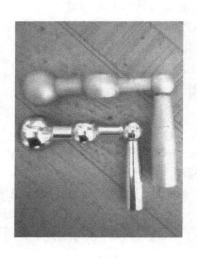

图 2-22　带有圆弧轮廓的零件

一、圆弧指令编程格式

1. 用地址字 I、K 指定圆心位置

格式：G02／G03　X（U）__ 　Z（W）__ 　　I__ 　　K__ 　　F__

2. 用圆弧半径地址字 R 指定圆心位置

格式：G02／G03　X（U）__ 　Z（W）__ 　　R__ 　　F__

3. 说明

1）沿圆弧所在平面（如 X−Z 平面）的垂直坐标轴的负方向（−Y）看去，顺时针方向为 G02，逆时针方向为 G03。数控车床是两坐标的机床，只有 X 轴和 Z 轴，那么如何判断圆弧的顺、逆？应按右手定则的方法将 Y 轴也加上去来考虑。观察者让 Y 轴的正方向指向自己（即沿 Y 轴的负方向看去），站在这样的位置上，就可正确判断 X−Z 平面上圆弧的顺、逆了。数控车床上圆弧的顺、逆方向如图 2-23 所示。

2）圆弧的终点坐标。绝对坐标为（X，Z），相对坐标为（U，W）。

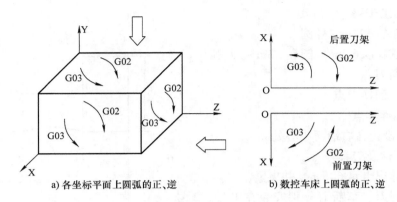

a) 各坐标平面上圆弧的正、逆　　　　b) 数控车床上圆弧的正、逆

图 2-23　圆弧方向判断

3）圆弧的圆心坐标（I，K）。以起点为原点指向圆心建立矢量，则 I 为 X 轴上分量；K 为 Z 轴上的分量。I、K 方向与 X、Z 轴正方向相同时取正值，否则取负值；

4）地址字 R 为圆弧半径，不与地址字 I、K 同时使用。当用 R 指定圆心位置时，由于在同一半径的情况下，从圆弧的起点到终点有两个圆弧的可能性，为区别两者，规定圆心角 $\alpha \leq 180°$ 时，用"+R"表示，$\alpha > 180°$ 时，用"–R"表示。用 R 指定圆心位置时，不能描述整圆。

5）若程序段中同时给出 I、K 和 R 值，以 R 值优先，I、K 无效。

6）F 指两个轴的合成进给速度，如果 F 省略，则执行前面 G1 指令所指定的 F。

7）执行圆弧命令前提是刀具在圆弧起点位置。

图 2-24 所示是圆弧指令的举例。

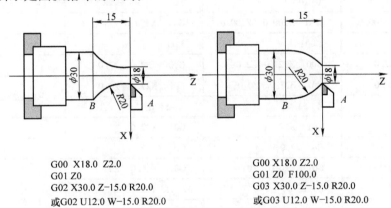

G00 X18.0 Z2.0
G01 Z0
G02 X30.0 Z-15.0 R20.0
或G02 U12.0 W-15.0 R20.0

G00 X18.0 Z2.0
G01 Z0 F100.0
G03 X30.0 Z-15.0 R20.0
或G03 U12.0 W-15.0 R20.0

图 2-24　圆弧指令举例

二、举例

图 2-25 所示零件，毛坯 ϕ30mm，编写其加工程序。

1. 确定刀具

所用刀具为外圆车刀、车断刀。

2. 确定加工步骤

1）1 号刀车 $\phi27$mm 外圆。

2）1 号刀车 $\phi26$mm 外圆和 $R30$mm 圆弧。

3）换车断刀。

4）切断，回换刀点

3. 设置工件零点

工件零点设置在右端面中心处

4. 装夹工件及刀具

1）工件伸出卡盘 60mm，并夹紧。

2）将外圆刀、车断刀分别安装在 1 号、2 号刀位。

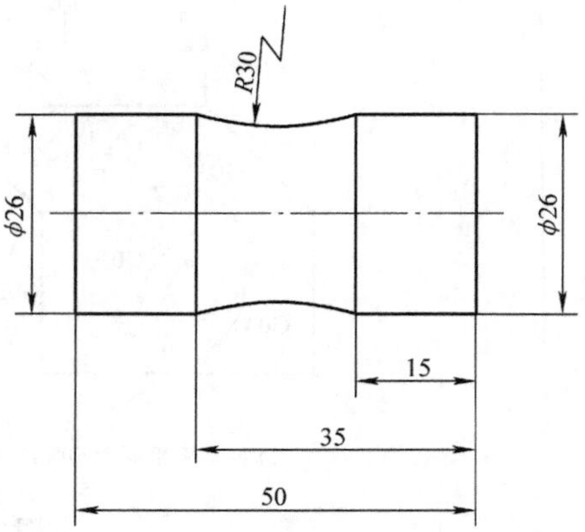

5. 加工程序

华中、广数和西门子系统带圆弧轮廓零件的加工程序见表2-6。

图 2-25　带有圆弧轮廓零件的加工

表 2-6　带圆弧轮廓零件的加工程序

华中	广数	西门子	说明
O1234	O1234；	SK001	
%1234	O1234；		
G90　G94	G90　G98；	G90　G95	
M03　S600　F90.0	M03　S600　F90.0；	M03　S600　F0.15	
T0101	T0101；	T1	
G00　X100.0　Z100.0	G00　X100.0　Z100.0；	G00　X100.0　Z100.0	
M00	M00；	M00	
G00　X32.0　Z2.0	G00　X32.0　Z2.0；	G00　X32.0　Z2.0	
G01　X27.0　Z0.0	G01　S27.0　Z0.0；	G01　X27.0　Z0.0	车削 $\phi27$mm 外圆
Z－51.0	Z－51.0；	Z－51.0	
G01　X32.0	G01　X32.0；	G01　X32.0	
G0　Z2.0	G0　Z2.0；	G0　Z2.0	
G01　X26.0　Z0	G01　X26.0　Z0；	G01　X26.0　Z0	
Z－15.0	Z－15.0；	Z－15.0	
G02　X26.0　Z－35.0 R30.0	G02　X26.0　Z－35.0 R30.0；	G02　X26.0　Z－35.0 R30.0	车削 $\phi26$mm 外圆和 $R30$mm 圆弧
G01　Z－51.0	G01　Z－51.0；	G01　Z－51.0	
X32.0	X32.0；	X32.0	
G0　X100	G0　X100.0；	G0　X100.0	
Z100.0	Z100.0；	Z100.0	
T0202	T0202；	T0202	
M03　S300　F20.0	M03　S300　F20.0；	M03　S300　F0.06	

（续）

华中	广数	西门子	说明
G00　X32.0	G00　X32.0；	G00　X32.0	切断
Z－（50＋刀宽）	Z－（50＋刀宽）；	Z－（50＋刀宽）	
G01　X1.0（－1.0）	G01　X1.0（－1.0）；	G01　X1.0（－1.0）	
G0　X100.0	G0　X100.0；	G0　X100.0	
Z100.0	Z100.0；	Z100.0	
M05	M05；	M05	
M30	M30；	M30	

任务三　沟槽与车断编程

【任务目标】

◉ 掌握车沟槽及车断的工艺。

◉ 掌握带有沟槽的简单轴类零件的编程方法。

【知识链接】

一、车断刀简介

1. 车断刀材料

车断刀常用材料有普通 45 钢表面淬火后发黑处理；高速钢；硬质合金；40Cr 钢表面渗碳淬火后发黑处理，硬度高，韧性好，耐磨耐腐蚀。

2. 车断刀作用

车断刀的作用是用于车槽或车断，又叫车槽刀，割断刀。

说明：沟槽加工必须用车断刀加工，外圆刀不行。它是一种完全径向走刀加工的刀具，但又不同于端面加工的径向走刀，因为沟槽加工时，刀具的三个侧面都对工件进行切削，为保证切削的正常进行，需要合理设置加工参数，选择低转速，增大主轴转矩。加工时一般将车断与沟槽加工转速选在 300r/min，进给量设置为 20mm/min。

二、车断加工举例

例：编写图 2-26 所示零件的车断加工程序。毛坯 $\phi30$mm，车断刀刀宽 3mm。

1. 确定刀具

所用刀具为外圆车刀、车断刀。

2. 确定加工路线

1）1 号刀车 $\phi26$mm 外圆。

2）换车断刀。

3）车削沟槽，注意特征点，下刀点。

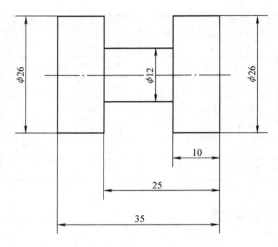

图 2-26　车槽与车断加工实例

4）车断，回换刀点。

3. 设置工件零点

工件零点设置在右端面中心处。

4. 装夹工件及刀具

1）工件伸出卡盘 45mm，并夹紧。

2）将外圆车刀、车断刀分别安装在 1 号、2 号刀位。

5. 加工程序

华中、广数和西门子系统车槽与车断加工程序见表 2-7。

表 2-7　车槽与车断加工程序

华中	广数	西门子	说明
O1234	O1234；	SK001	
%1234	O1234；		
G90　G94	G90　G98；	G90　G95	
M03　S600　F90.0	M03　S600　F90.0；	M03　S600　F0.15	
T0101	T0101；	T0101	
G00　X100.0　Z100.0	G00　X100.0　Z100.0；	G00　X100.0　Z100.0	
M00	M00；	M00	
G00　X32.0　Z2.0	G00　X32.0　Z2.0；	G00　X32.0　Z2.0	
G01　X26.0　Z0	G01　X26.0　Z0；	G01　X26.0　Z0	
Z－（35＋刀宽）	Z－（35＋刀宽）；	Z－（35＋刀宽）	
X32.0	X32.0；	X32.0	
G00　X100.0　Z100.0	G00　X100.0　Z100.0；	G00　X100.0　Z100.0	
T0202	T0202；	T0202	
M03　S300　F20.0	M03　S300　F20.0；	M03　S300　F0.06	选定转速和进给方式

（续）

华中	广数	西门子	说明
G00　X32.0	G00　X32.0；	G00　X32.0	第一次车槽
Z－13.0	Z－13.0；	Z－13.0	
G01　X12.0	G01　X12.0；	G01　X12.0	
G00　X32.0	G00　X32.0；	G00　X32.0	第二次车槽
Z－16.0	Z－16.0；	Z－16.0	
G01　X12.0	G01　X12.0；	G01　X12.0	
G00　X32.0	G00　X32.0；	G00　X32.0	第三次车槽
Z－19.0	Z－19.0；	Z－19.0	
G01　X12.0	G01　X12.0；	G01　X12.0	
G00　X32.0	G00　X32.0；	G00　X32.0	第四次车槽
Z－22.0	Z－22.0；	Z－22.0	
G01　X12.0	G01　X12.0；	G01　X12.0	
G00　X32.0	G00　X32.0；	G00　X32.0	第五次车槽
Z－25.0	Z－25.0；	Z－25.0	
G01　X12.0	G01　X12.0；	G01　X12.0	
G00　X32.0	G00　X32.0；	G00　X32.0	车断
Z－38.0	Z－38.0；	Z－38.0	
G01　X1.0（－1.0）	G01　X1.0（－1.0）；	G01　X1.0（－1.0）	
G00　X100.0	G00　X100.0；	G00　X100.0	
Z100.0	Z100.0；	Z100.0	
M05	M05；	M05	
M30	M30；	M30	

【项目测评】

编程题

零件如图 2-27，图 2-28 所示，材料为 φ30mm 的铝棒。编程并加工零件。

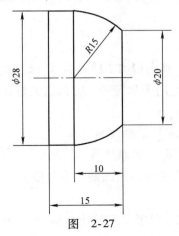

图　2-27

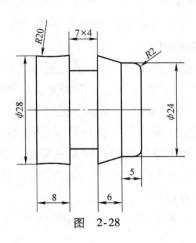

图　2-28

项目三　复合循环指令编程

【项目描述】

单一指令虽然可以完成零件的编程，但是编出的程序相对比较复杂，难以检查，同时也容易出错。为了减少编程出现的语法或书写错误，本项目介绍华中、广数、西门子三个系统的复合循环指令。复合循环指令可以简化编程，使得编出的程序简单明了，易于检查，保证程序的正确性。

【项目重点】

- ➡ 各个系统复合循环指令结构。
- ➡ 复合循环指令参数的含义。
- ➡ 复合循环指令的应用。

任务一　复合循环指令简介

【任务目标】

- ➡ 掌握华中、广数、西门子系统复合循环指令参数的含义。
- ➡ 掌握各个系统复合循环指令的区别以及应用的场合。

【知识链接】

一、华中 HNC—21T/22T 系统外（内）径粗车复合循环指令 G71 简介

1. 格式

G71 U（Δd）R（r）P（ns）Q（nf）X（Δx）Z（Δz）F（f）S（s）T（t）

2. 参数图解

G71 指令的参数图解如图 2-29 所示。

3. 参数说明

该指令执行如图 2-29 所示的粗加工和精加工，其中精加工路径为 $A \rightarrow A' \rightarrow B'$。

Δd：切削深度（每次切削深度，半径值），指定时不加符号，方向由矢量 AA' 决定。

r：每次退刀量（半径值，相对值）。

ns：精加工路径第一程序段（即图 2-29 中的 AA'）的顺序号。

nf：精加工路径最后程序段（即图 2-29 中的 $A'B'$）的顺序号。

Δx：X 方向精加工余量（直径值），外圆加工为正值，内圆加工为负值。

Δz：Z 方向精加工余量。

f，s，t：粗加工时 G71 中编程的 F、S、T 有效，而精加工时处于 ns 到 nf 程序段之间的

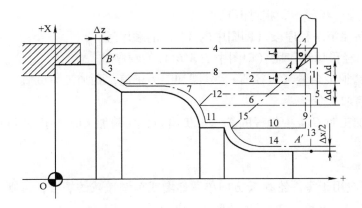

图 2-29　华中系统外（内）径粗车复合循环 G71 的参数图解

F、S、T 有效。

4. 使用注意事项

1）G71 指令必须带有 P，Q 地址 ns、nf，且与精加工路径起、止顺序号对应，否则不能进行该循环加工。

2）ns 的程序段必须为 G00/G01 指令，即从 A 到 A' 的动作必须是直线或点定位运动。

3）在顺序号为 ns 到顺序号为 nf 的程序段中，不应包含子程序。

4）G71 切削循环下，切削进给方向平行于 Z 轴，X（Δx）和 Z（Δz）的符号如图 2-30 所示。其中（+）表示沿轴正方向移动，（-）表示沿轴负方向移动。

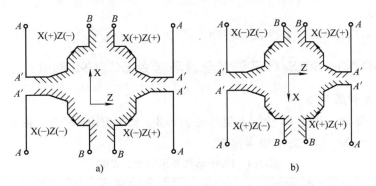

图 2-30　G71 复合循环下 X（ΔU）和 Z（ΔW）的符号

二、广数 GSK 980TD 系统外（内）径粗车复合循环指令 G71 简介

1. 格式：G71　U（Δd）　　R（r）；
G71　P（ns）　　Q（nf）　　U（Δu）　　W（Δw）　　F（f）　　S（s）　　T（t）；

2. 参数图解

广数 GSK 980TD 系统 G71 指令的参数图解与图 2-29 相同。

3. 参数说明

Δd：切削深度（每次切削量，半径值），指定时不加符号，方向由矢量 AA' 决定。

r：每次退刀量（半径值，相对值）。

ns：精加工路径第一程序段（即图中的 AA'）的顺序号。

nf：精加工路径最后程序段（即图中的 $A'B'$）的顺序号。

Δx：X 方向精加工余量（直径值），外圆加工为正值，孔加工为负值。

Δz：Z 方向精加工余量。

f，s，t：粗加工时 G71 中编程的 F、S、T 有效，而精加工时处于 ns 到 nf 程序段之间的 F、S、T 有效。

4. 使用注意事项

1）G71 主要应用于零件轮廓 X 方向单调递增或单调递减的场合，否则不能进行该循环加工。

2）G71 指令必须带有 P，Q 地址 ns、nf，且与精加工路径起、止顺序号对应，否则不能进行该循环加工。

3）ns 的程序段必须为 G00/G01 指令，即从 A 到 A' 的动作必须是直线或点定位运动。

4）在顺序号为 ns 到顺序号为 nf 的程序段中，不应包含子程序。

5. 与 G71 配套使用的精加工指令固定精车复合循环 G70 的含义介绍。

格式：G70 P（ns）Q（nf）F（f）；

说明

ns：精加工路径第一程序段（即图中的 AA'）的顺序号。

nf：精加工路径最后程序段（即图中的 $A'B'$）的顺序号。

f：进给速度。

应用场合：G71 、G72、G73 配合使用。

三、SIEMENS—802S/C 系统复合循环指令 LCYC95 简介

1. LCYC 95 参数介绍

R105：加工类型，共有 12 种加工类型见表 2-8。如果 R105 赋值不在 1～12 之间，则循环中断，并给出 61002 加工方式错误报警。

表 2-8　R105 参数表示的加工类型

数值	方向	形状	加工类型	数值	方向	形状	加工类型
1	纵向	外部	粗加工	7	纵向	内部	精加工
2	横向	外部	粗加工	8	横向	内部	精加工
3	纵向	内部	粗加工	9	纵向	外部	综合加工
4	横向	内部	粗加工	10	横向	外部	综合加工
5	纵向	外部	精加工	11	纵向	内部	综合加工
6	横向	外部	精加工	12	横向	内部	综合加工

R106：精加工余量，半径值，无符号。

R108：切入深度，半径值，无符号。

R109：粗加工切入角。

R110：粗加工时的退刀量（半径值，相对值）。

R111：粗加工进给率。

R112：精加工进给率。

2. 使用注意事项

1）LCYC95 毛坯循环通过变量_ CNAME 的子程序名来调用子程序，其外形尺寸（轮廓尺寸）变化只能成单一方向（单调增或单调减）变化。

2）所有循环参数赋值可以写一行，也可每个参数单独一行，不影响加工。

3）在机床上手工输入循环参数时，可在操作面板上直接按相应循环软按钮，在循环界面上直接输入参数。

任务二　复合循环指令的应用

编写出如图 2-31 所示零件的加工程序。毛坯为 $\phi30mm \times 120mm$，材料为硬铝。

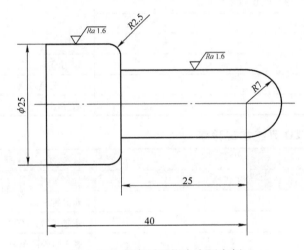

图 2-31　复合循环指令应用实例

1. 华中 HNC—21T/22T 系统参考程序

参考程序	O0031	
程序段号	加工程序	注释
N010	G90　G94	绝对坐标编程，每分钟进给
N020	M3　S1000	主轴正转，1000r/min
N030	T0101	换 1 号外圆车刀
N040	G00　X31.0　Z1.0	快速定位
N050	G71　U2　R1　P120　Q190　X1.0　Z0.05　F120.0	粗车循环

（续）

参考程序	O0031	
程序段号	加工程序	注释
N060	G00 X150.0 Z150.0	退刀至换刀点
N070	M5	主轴停止
N080	M0	程序暂停
N090	M3 S1400 F100.0	精加工，转速调整为1400r/min
N100	T0101	换1号外圆车刀
N110	G00 X31.0 Z1.0	快速定位
N120	G00 X0	
N130	G01 Z0;	
N140	G03 X14.0 Z-7.0 R7	
N150	G01 Z-32.0	
N160	X20.0	精加工轮廓
N170	G03 X25.0 Z-35.0 R2.5	
N180	G01 Z-51.0	
N190	X30.0	
N210	G00 X150.0	退刀至换刀点
N220	Z150.0	退刀至换刀点
N230	M30	程序结束

2. 广数 GSK 980TD 系统加工程序

参考程序	O0031；	
程序段号	加工程序	注释
N010	G98；	每分钟进给
N020	M3 S1000；	主轴正转，1000r/min
N030	T0101；	换1号外圆车刀
N040	G00 X31.0 Z1.0；	快速定位
N050	G71 U2.0 R1.0；	粗车循环
N055	G71 P60 Q130 U1.0 W0.05 F120.0；	
N060	G00 X0；	
N070	G01 Z0；	
N080	G03 X14.0 Z-7.0 R7.0；	
N090	G01 Z-32.0；	
N100	X20.0；	精加工轮廓
N110	G03 X25.0 Z-35.0 R2.5；	
N120	G01 Z-51.0；	
N130	X30.0；	

（续）

参考程序　O0031；		
程序段号	加工程序	注释
N150	G00　X150.0　Z150.0；	退刀至换刀点
N160	M5；	主轴停止
N170	M0；	程序暂停
N180	M3　S1400　F100.0；	转速调整为1400r/min
N190	T0101；	换1号外圆车刀
N200	G00　X31.0　Z1.0；	快速定位
N210	G70　P60　Q130；	精加工
N220	G00　X150.0；	退刀至换刀点
N230	Z150.0；	退刀至换刀点
N240	M30；	程序结束

3. SIEMENS—802S/C 系统加工程序

参考程序　SK0031.MPF		
程序段号	加工程序	注释
N010	G90　G94	绝对坐标编程，每分钟进给
N020	M3　S1000	主轴正转，1000r/min
N030	T1D1	换1号外圆车刀
N040	G00　X31.0　Z1.0	快速定位
N050	_CNAME = "L0031" R105 = 1 R106 = 0.5 R108 = 2 R109 = 7 R110 = 1 R111 = 120 R112 = 100 LCYC 95	粗车循环
N055	G00　X150.0　Z150.0	退刀至换刀点
N060	M5	主轴停止
N070	M0	程序暂停
N080	M3　S1400　F100.0	精加工，转速调整为1400r/min
N090	T1D1	换1号外圆车刀
N100	G00　X31.0　Z1.0	快速定位
N110	L0031	精加工
N120	G00　X150.0	退刀至换刀点
N130	Z150.0	退刀至换刀点
N140	M30	程序结束

子程序	L0031.SPF	
程序段号	加工程序	注释
N010	G00 X0	
N020	G01 Z0	
N030	G03 X14.0 Z−7.0 CR=7.0	
N040	G01 Z−32.0	
N050	X20.0	
N055	G03 X25.0 Z−35.0 CR=2.5	
N060	G01 Z−51.0	
N070	X30.0	
N080	M17	子程序结束

【项目测评】

1. 使用复合循环指令编写如图 2-32 所示零件的加工程序（华中、广数、西门子系统），并进行机床加工。毛坯尺寸为 ϕ30mm×120mm，材料为硬铝。

2. 使用复合循环指令编写如图 2-33 所示零件的加工程序（华中、广数、西门子系统），并进行机床加工。毛坯尺寸为 ϕ30mm×120mm，材料为硬铝。

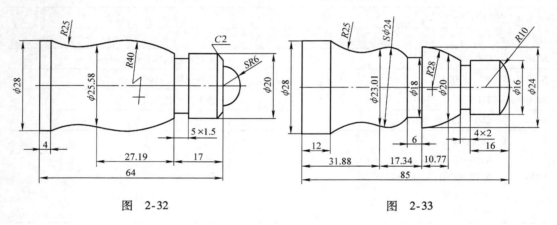

图 2-32　　　　　　　　　　　　　　图 2-33

项目四　　孔的加工与编程

【项目描述】

很多机器上的零件不仅有外圆，也有孔。数控车削加工不仅能使孔加工获得较好的尺寸精度、位置精度和表面粗糙度，而且还解决了复杂形状内腔测量不便的问题。

【项目重点】

⮩ 了解孔的加工方法及关键技术。

⮩ 掌握孔的数控加工编程。

⮩ 掌握孔加工车刀的选择要求、装刀的方法。

任务一 孔的加工特点及加工方法

【任务目标】

● 孔的加工特点。
● 孔的编程与外圆编程的区别。

【知识链接】

一、孔的加工特点

1）孔加工时观察切削情况很困难，尤其在小孔、深孔加工时这一问题更加突出。

2）刀杆尺寸由于受孔径和孔深的限制，不能做得太粗，又不能太短，因此刚性很差，在加工时容易产生振动等现象。

3）孔加工尤其不通孔加工时，切屑很难及时排出，易造成刀具损坏。

4）加工长孔时冷却困难。

5）孔的测量比外圆困难。

二、孔在车床上的加工方法

1. 钻孔

1）在钻孔前，必须把端面车平。

2）钻头装入尾座套筒后，必须检查钻头轴线是否和工件的旋转轴线重合。

3）当使用细长钻头钻孔时，事前应该用中心钻钻出一个定心孔。

4）钻较深的孔时，要经常把钻头退出清除切屑。

5）钻通孔快要钻透时，要减少进给量。

6）钻钢料时，必须浇注充分的切削液。

7）钻了一段深度以后，应该把钻头退出，停机测量孔径。

8）把钻头引向工件端面时，引入力不可过大。

9）当钻深度较大但是要求不高的通孔时，可以调头钻孔。

2. 扩孔和锪孔

1）用麻花钻扩孔。用大直径的钻头将已钻出的小孔扩大。

2）用扩孔钻扩孔。扩孔钻和扩孔如图2-34所示。

3）圆锥形锪钻。圆锥形锪钻如图2-35所示。

3. 车孔

1）孔加工车刀。孔加工车刀如图2-36所示。

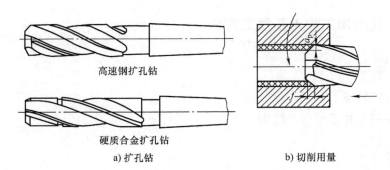

高速钢扩孔钻

硬质合金扩孔钻

a) 扩孔钻

b) 切削用量

图 2-34　扩孔钻和扩孔

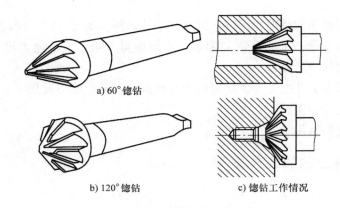

a) 60°锪钻

b) 120°锪钻

c) 锪钻工作情况

图 2-35　圆锥形锪钻

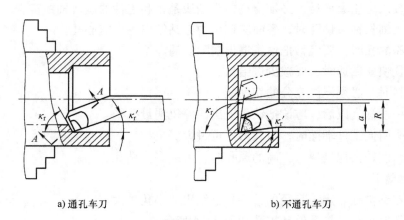

a) 通孔车刀

b) 不通孔车刀

图 2-36　孔加工车刀

2）车孔的关键技术是解决孔加工车刀的刚性和排屑问题。

①尽量增加刀杆的截面积。

②刀杆的伸出长度尽可能缩短。

③孔加工车刀的后面一般磨成两个后角的形式。

④加工通孔的车刀最好磨成正刃倾角。

任务二　孔加工的编程实例

编写如图 2-37 所示的带孔零件的加工程序。毛坯为 $\phi50mm \times 43mm$，其中，已经预钻了 $\phi25mm$ 的孔，外圆以及总长已经车削到图样尺寸。

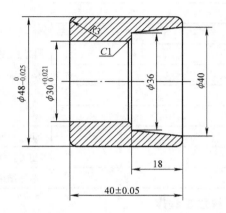

图 2-37　孔加工编程实例

1. 华中 HNC—21T/22T 系统参考程序

参考程序	O0041	
程序段号	加工程序	注释
N010	G90　G94	绝对坐标编程，每分钟进给
N020	M3　S1000	主轴正转，1000r/min
N030	T0101	换 1 号内孔车刀
N040	G00　X24.0　Z1.0	快速定位，比孔的直径要小
N050	G71　U2　R0.2　P120　Q180　X−1.0　Z0.05　F120.0	粗车循环
N060	G00　Z200.0	退刀至换刀点
N070	M5	主轴停止
N080	M0	程序暂停
N090	M3　S1400　F100.0	转速调整为 1400r/min
N100	T0101	换 1 号内孔车刀
N110	G00　X24.0　Z1.0	快速定位

（续）

参考程序	OO041	
程序段号	加工程序	注释
N120	G00　X40.0	
N130	G01　Z0	
N140	X36　Z－18.0	
N150	X32.0	精加工轮廓
N160	X30.0　Z－19.0	
N170	Z－42.0	
N180	X25.0	
N210	G00　Z200.0	退刀至换刀点
N220	X150.0	退刀至换刀点
N230	M30	程序结束

2. 广数 GSK 980TD 系统加工程序

参考程序	OO041；	
程序段号	加工程序	注释
N010	G98；	每分钟进给
N020	M3　S1000；	主轴正转，1000r/min
N030	T0101；	换 1 号内孔车刀
N040	G00　X24.0　Z1.0；	快速定位
N050	G71　U2　R0.2；	粗车循环
N055	G71　P60　Q120　U－1.0　W0.05　F120.0；	
N060	G00　X40.0；	
N070	G01　Z0；	
N080	X36.0　Z－18.0；	
N090	X32.0；	
N100	X30.0　Z－19.0；	精加工轮廓
N110	Z－42.0；	
N120	X25.0；	
N150	G00　Z200.0；	退刀至换刀点
N160	M5；	主轴停止
N170	M0；	程序暂停
N180	M3　S1400　F100.0；	转速调整为 1400r/min
N190	T0101；	换 1 号内孔车刀
N200	G00　X24.0　Z1.0；	快速定位
N210	G70　P60　Q120；	精加工
N220	G00　Z200.0；	退刀至换刀点
N230	X150.0；	退刀至换刀点
N240	M30；	程序结束

3. SIEMENS—802S/C 系统加工程序

参考程序　SK0041. MPF		
程序段号	加工程序	注释
N010	G90　G94	绝对坐标编程，每分钟进给
N020	M3　S1000	主轴正转，1000r/min
N030	T1 D1	换 1 号内孔车刀
N040	G00　X24. 0　Z1. 0	快速定位
N050	_CNAME = "L0041" R105 = 3 R106 = 0. 5 R108 = 2 R109 = 7 R110 = 0. 2 R111 = 120 R112 = 100 LCYC 95	粗车循环
N055	G00　Z200. 0	退刀至换刀点
N060	M5	主轴停止
N070	M0	程序暂停
N080	M3　S1400　F100. 0	精加工，转速调整为 1400r/min
N090	T1 D1	换 1 号内孔车刀
N100	G00　X24. 0　Z1. 0	快速定位
N110	L0041	精加工
N120	G00　Z200. 0	退刀至换刀点
N130	X150. 0	退刀至换刀点
N140	M30	程序结束

子程序　L0041. SPF		
程序段号	加工程序	注释
N010	G00　X40. 0	精加工轮廓
N020	G01　Z0	
N030	X36　Z – 18. 0	
N040	X32. 0	
N050	X30. 0　Z – 19. 0	
N055	Z – 42. 0	
N060	X25. 0	
N070	M17	子程序结束

【项目测评】

1. 编写如图 2-38 所示带孔零件的加工程序（华中、广数、西门子系统），并进行机床加工。毛坯尺寸为 ϕ80mm ×60mm，材料为 45 钢。

2. 编写如图 2-39 所示带孔零件的加工程序（华中、广数、西门子系统），并进行机床加工。毛坯尺寸为 ϕ60mm ×65mm，材料为 45 钢。

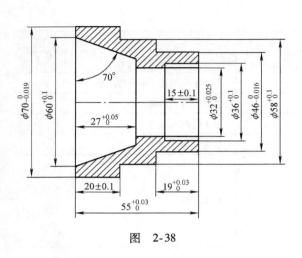

图 2-38

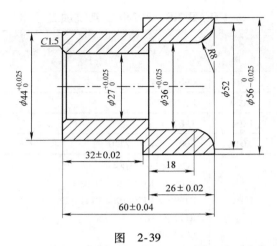

图 2-39

项目五　　螺纹的编程

【项目描述】

螺纹是在圆柱或者圆锥体表面上制出的螺旋线形的具有特定截面形状的凸起和凹槽部分。螺纹按其母体形状分为圆柱螺纹和圆锥螺纹；按其在母体所处位置分为外螺纹、内螺纹；按其截面形状（牙型）分为三角形螺纹、矩形螺纹、梯形螺纹、锯齿形螺纹及其他特殊形状螺纹，三角形螺纹主要用于联接，矩形、梯形和锯齿形螺纹主要用于传动；按螺旋线方向分为左旋螺纹和右旋螺纹，一般用右旋螺纹；按螺旋线的数量分为单线螺纹、双线螺纹及多线螺纹，联接用的多为单线螺纹，传动用的采用双线或多线螺纹；按牙的大小分为粗牙螺纹和细牙螺纹；按使用场合和功能，可分为紧固螺纹、管螺纹、传动螺纹、专用螺纹等。

【项目重点】

- ➲ 认识螺纹的种类。
- ➲ 了解螺纹的形成原理。
- ➲ 掌握螺纹标注方法的识读。
- ➲ 掌握螺纹的加工方法及编程。

任务一　认识螺纹

【任务目标】

- ➲ 掌握螺纹的基本构成要素。
- ➲ 能正确说出螺纹各个部分的名称。

【知识链接】

螺纹是圆柱或圆锥表面上沿着螺旋线所形成的具有牙型的连续凸起和沟槽。在圆柱或圆锥外表面上形成的螺纹称为外螺纹，在圆柱或圆锥内表面上形成的螺纹称为内螺纹，如图2-40所示。

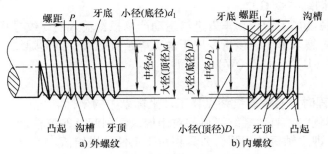

图 2-40　外螺纹与内螺纹

1. 螺纹的结构要素

（1）牙型　通过螺纹轴线的剖面上螺纹的轮廓形状，称为螺纹的牙型。图2-40所示的螺纹为三角形牙型，此外还有梯形、锯齿形和矩形等牙型。

（2）公称直径　公称直径是代表螺纹尺寸的直径，指螺纹大径的基本尺寸。螺纹的直径有三种：

大径——与外螺纹牙顶或内螺纹牙底相切的假想圆柱的直径，符号为D（内螺纹）和d（外螺纹）；

小径——与外螺纹牙底或内螺纹牙顶相切的假想圆柱的直径，符号为D_1（内螺纹）和d_1（外螺纹）；

中径——通过牙型上沟槽和凸起宽度相等处的一个假想圆柱的直径，符号为D_2（内螺纹）和d_2（外螺纹）。

（3）线数　螺纹有单线和多线之分：沿一条螺旋线形成的螺纹称为单线螺纹；沿两条以上螺旋线形成的螺纹称为多线螺纹。螺纹线数用n表示。

（4）螺距和导程　螺纹相邻两牙在中径线上对应点的轴向距离称为螺距，符号为P；同一条螺旋线上的相邻两牙在中径线上对应两点间的轴向距离称为导程，符号为Ph。单线螺纹的导程等于螺距；双线螺纹的导程等于2倍螺距。

（5）旋向　螺纹有左旋和右旋之分。

外螺纹和内螺纹成对使用，但只有当上述5个要素完全相同时，才能旋合在一起。

为了便于设计和制造，国家标准对螺纹的牙型、公称直径和螺距都作了规定，凡是这3个要素都符合标准的称为标准螺纹。牙型符合标准、直径或螺距不符合标准的称为特殊螺纹；牙型不符合标准的称为非标准螺纹。螺纹按用途可分为紧固联接螺纹、传动螺纹、管螺纹和专门用途螺纹。

2. 螺纹的标注

螺纹用代号标注在图样上。螺纹的完整标记是由螺纹代号、螺纹公差代号和螺纹旋合长度及旋向代号组成，其格式是：螺纹代号－螺纹公差代号－螺纹旋合长度及旋向代号。

螺纹代号包括螺纹特征代号、公称直径、导程和线数（单线时为螺距）。其中：普通粗牙螺纹的螺距不标；右旋螺纹不标旋向，左旋螺纹用代号"LH"标注。

任务二　螺纹的编程指令

一、华中 HNC—21T/22T 系统螺纹指令介绍

1. 等螺距螺纹切削指令 G32

该指令是单一螺纹加工指令，车刀进给运动严格根据输入的螺纹导程进行，但刀具的切出、切入、返回均需编入程序。该指令用于加工等距直螺纹、锥形螺纹、端面螺纹。

格式：G32　X（U）＿　Z（W）＿　F＿

说明

X、Z：绝对编程时，有效螺纹终点在工件坐标系中的坐标。

U、W：增量编程时，有效螺纹终点相对于螺纹切削起点的位移量。

F：螺纹导程，即主轴每转一圈，刀具相对于工件的进给值。

使用 G32 指令能加工圆柱螺纹、锥螺纹和端面螺纹。

螺纹车削加工为成形车削，且切削进给量较大，刀具强度较差，一般要求分数次进给加工，见表 2-9。

表 2-9　常用螺纹切削的进给次数与背吃刀量　　　　　　（单位：mm）

米制螺纹							
螺距	1.0	1.5	2	2.5	3	3.5	4
牙深（半径量）	0.649	0.974	1.299	1.624	1.949	2.273	2.598
切削次数及背吃刀量（直径量） 1 次	0.7	0.8	0.9	1.0	1.2	1.5	1.5
2 次	0.4	0.6	0.6	0.7	0.7	0.7	0.8
3 次	0.2	0.4	0.6	0.6	0.6	0.6	0.6
4 次		0.16	0.4	0.4	0.4	0.6	0.6
5 次			0.1	0.4	0.4	0.4	0.4
6 次				0.15	0.4	0.4	0.4
7 次					0.2	0.2	0.4
8 次						0.15	0.3
9 次							0.2

使用 G32 指令时应注意：

1）从螺纹粗加工到精加工，主轴的转速必须保持一常数。

2）在没有停止主轴的情况下，停止螺纹的切削将非常危险，因此螺纹切削时进给保持功能无效，如果按下"进给保持"键，刀具在加工完螺纹后停止运动。

3）在螺纹加工中不使用恒定线速度控制功能。

4）在螺纹加工轨迹中应设置足够的升速进刀段和降速退刀段，以消除伺服滞后造成的螺距误差。

2. 螺纹切削循环指令 G82

（1）直螺纹切削循环

格式：G82　X（U）＿　Z（W）＿　R＿　E＿　C＿　P＿　F＿

说明

X、Z：绝对编程时，为螺纹终点 C 在工件坐标系下的坐标；增量编程时，为螺纹终点 C 相对于循环起点 A 的有向距离，图形中用 U、W 表示，其符号由轨迹 1 和 2 的方向确定，如图 2-41 所示。

R、E：螺纹切削的回退量，R、E 均为向量，R 为 Z 向回退量；E 为 X 向回退量，R、E 可以省略，表示不用回退功能。

C：螺纹线数，为 0 或 1 时切削单线螺纹。

P：单线螺纹切削时，为主轴基准脉冲处距离切削起始点的主轴转角（缺省值为 0）；多线螺纹切削时，为相邻螺纹线的切削起始点之间对应的主轴转角。

F：螺纹导程。

使用 G82 指令时应注意：螺纹切削循环在进给保持状态下时，该循环在完成全部动作之后才停止运动。

该指令执行图 2-41 所示 A→B→C→D→A 的轨迹动作。

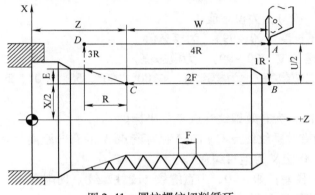

图 2-41　圆柱螺纹切削循环

（2）锥螺纹切削循环

格式：G82　X __ 　Z __ 　I __ 　R __ 　E __ 　C __ 　P __ 　F __

说明

X、Z：绝对编程时，为螺纹终点 C 在工件坐标系下的坐标；增量编程时，为螺纹终点 C 相对于循环起点 A 的有向距离，图形中用 U、W 表示（图 2-42）。

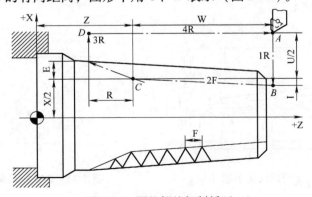

图 2-42　圆锥螺纹切削循环

I：螺纹起点 B 与螺纹终点 C 的半径差，其符号为差的符号（无论是绝对编程还是增量编程）。

R、E：螺纹切削的回退量，R、E 均为向量，R 为 Z 向回退量；E 为 X 向回退量，R、E 可以省略，表示不用回退功能。

C：螺纹线数，为 0 或 1 时切削单线螺纹。

P：单线螺纹切削时，为主轴基准脉冲处距离切削起始点的主轴转角（缺省值为 0）；多线螺纹切削时，为相邻螺纹线的切削起始点之间对应的主轴转角。

F：螺纹导程。

3. 螺纹切削复合循环指令 G76

格式：G76　C(c)　R(r)　E(e)　A(a)　X(x)　Z(z)　I(i)　K(k)　U(d)　V(Δd_{min})　Q(Δd)　P(p)　F(L)；

说明：螺纹切削固定循环 G76 执行如图 2-43 所示的加工轨迹。其单边切削及参数如图 2-44 所示。其中：

c：精整次数（1～99），为模态值。

r：螺纹 Z 向退尾长度（00～99），为模态值。

e：螺纹 X 向退尾长度（00～99），为模态值。

a：刀尖角度（二位数字），为模态值，在 80°、60°、55°、30°、29° 和 0° 6 个角度中选一个。

x、z：绝对编程时，为有效螺纹终点 C 的坐标。

增量编程时，为有效螺纹终点 C 相对于循环起点 A 的有向距离（用 G91 指令定义为增量编程，使用后用 G90 定义为绝对编程）。

i：螺纹两端的半径差；如 $i=0$，为直螺纹（圆柱螺纹）切削方式。

k：螺纹高度，该值由 X 轴方向上的半径值指定。

Δd_{min}：最小切削深度（半径值）。

当第 n 次切削深度（$\Delta d \sqrt{n} - \Delta d \sqrt{n-1}$），小于 Δd_{min} 时，则切削深度设定为 Δd_{min}。

d：精加工余量（半径值）。

Δd：第一次切削深度（半径值）。

p：主轴基准脉冲处距离切削起始点的主轴转角。

L：螺纹导程（同 G32）。

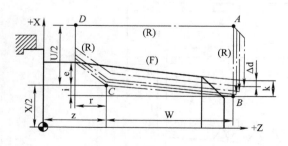

图 2-43　复合型螺纹切削循环 G76

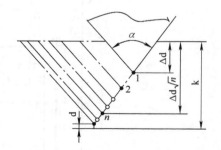

图 2-44　G76 循环单边切削及其参数

使用 G76 时应注意：按 G76 段中的 X（x）和 Z（z）指令实现循环加工，增量编程时，要注意 u 和 w 的正负号（由刀具轨迹 *AC* 和 *CD* 段的方向决定）。

G76 循环进行单边切削，减小了刀尖的受力。第一次切削时切削深度为 Δd，第 *n* 次的切削总深度为 $\Delta d \sqrt{n}$，每次循环的背吃刀量为 $\Delta d \sqrt{n} - \Delta d \sqrt{n-1}$。

B 到 *C* 点的切削速度由 F 代码指定，而其他轨迹均为快速进给。

二、广数 GSK 980TD 系统螺纹指令介绍

1. 等螺距螺纹切削指令 G32

格式：G32　X（U）＿＿　Z（W）＿＿　F＿；

说明

X、Z：绝对编程时，有效螺纹终点在工件坐标系中的坐标。

U、W：增量编程时，有效螺纹终点相对于起点的位移量。

F：螺纹导程，即主轴每转一圈，刀具相对于工件的进给值。

2. 螺纹切削循环指令 G92

格式：G92　X（U）＿＿　Z（W）＿＿　F＿；

说明

X、Z：绝对编程时，为螺纹终点 *C* 在工件坐标系下的坐标。增量编程时，为螺纹终点 *C* 相对于循环起点 *A* 的有向距离，图2-45 中用 U、W 表示，其符号由轨迹 1 和 2 的方向确定。

F：螺纹导程。

使用 G92 指令时应注意：螺纹切削循环在进给保持状态下时，该循环在完成全部动作之后才停止运动。

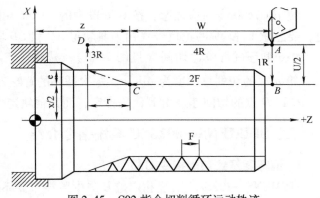

图 2-45　G92 指令切削循环运动轨迹

该指令执行图 2-43 所示 *A*→*B*→*C*→*D*→*A* 的轨迹动作。

3. 复合型螺纹切削循环指令 G76

格式：G76　P（mra）　　Q（Δd_{min}）　　R（d）；

　　　　G76　X（U）＿＿　Z（W）＿＿　R（i）P（k）　Q（Δd）F＿；

说明

m：表示精加工重复次数。

r：表示螺纹尾部倒角量单位数，0～99 个单位，0.1×导程为一个单位。

a：表示刀尖角度（螺纹牙型角）。

Δd_{min}：表示最小切削深度，当切削深度 Δd_n 小于 Δd_{min}，则取 Δd_{min} 作为切削深度，半径值，单位为 μm。

d：表示精加工余量，为半径值，单位为 mm。

Δd：表示第一次粗切深，半径值，单位为 μm。

X、Z：表示螺纹终点坐标（绝对坐标值）。

U、W：表示增量坐标值。

i：表示锥螺纹的半径差。

k：表示螺纹牙型高度（X 方向半径值），单位为 μm。

F：表示螺纹导程。

螺纹切削固定循环 G76 执行如图 2-46 所示的加工轨迹。

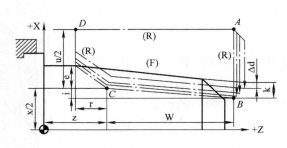 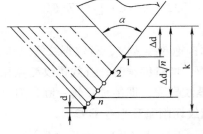

图 2-46　复合型螺纹切削循环 G76　　　　图 2-47　G76 循环单边切削及其参数

使用 G76 指令时应注意：按 G76 段中的 X(U) 和 Z(W) 指令实现循环加工，增量编程时，要注意 U 和 W 的正负号（由刀具轨迹 *AC* 和 *CD* 段的方向决定）。

G76 循环进行单边切削（见图 2-47），减小了刀尖的受力。第一次切削时切削深度为 Δd，第 n 次的切削总深度为 $\Delta d \sqrt{n}$，每次循环的背吃刀量为 $\Delta d \sqrt{n} - \Delta d \sqrt{n-1}$。*C* 到 *D* 点的切削速度由 F 代码指定，而其他轨迹均为快速进给。

三、SIEMENS—802S/C 系统指令介绍

1. 恒螺距螺纹切削指令 G33

SIEMENS—802S/C 系统和广数及华中数控车床系统螺纹加工指令的对应关系是 G32 对应 G33，G76 对应 CYCLE97，但它们编程格式却相差很大。G33 可以车削直螺纹、锥螺纹和端面螺纹等各种类型的单线与多线螺纹。如圆柱螺纹的加工：

　　　格式：G33　Z＿＿　K＿＿　SF＝＿＿（圆柱螺纹）

　　　说明

X/Z 为螺纹终点（退刀点）的坐标。K 为螺纹导程。SF 为加工多线螺纹时的刀具的圆周上的偏移量。

2. 直螺纹切削固定循环指令 LCYC97

用螺纹切削循环可以按纵向或横向加工形状为圆柱体或圆锥体的外螺纹或内螺纹，并且既能加工单多螺纹也能加工多多螺纹。切削深度可设定。左旋螺纹/右旋螺纹由主轴的旋转方向确定，它必须在调用循环之前的程序中编入。在螺纹加工期间，进给调整和主轴调整开关均无效。LCYC97 螺纹切削循环参数见表 2-10，其示意图如图2-48所示。

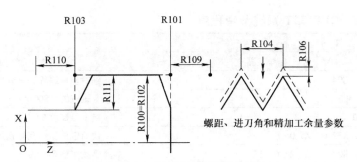

图 2-48　螺纹切削循环参数示意图

表 2-10　LCYC97 螺纹切削循环参数

参数	含义
R100	螺纹起始点直径，即起点 X 坐标
R101	纵向螺纹起始点，即起点 Z 坐标
R102	螺纹终点直径，即终点 X 坐标
R103	纵向螺纹终点，即终点 Z 坐标
R104	导程
R105	加工方式：R105 = 1 为外螺纹，R105 = 2 为内螺纹
R106	精加工余量（单边值）
R109	导入空刀量，无符号
R110	退出空刀量，无符号
R111	螺纹深度（牙深）= 0.645P，单边值，P 为螺距。
R112	主轴起始点偏移。第一条螺纹线自动从 0° 位置开始加工
R113	粗切削次数
R114	螺纹线数

任务三　螺纹的编程实例

编写如图 2-49 所示的螺纹零件的加工程序。毛坯为 $\phi30\text{mm} \times 120\text{mm}$，其中，螺纹的外径以及退刀槽已经车削到图样尺寸。

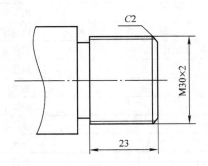

图 2-49　螺纹零件的加工

1. 华中 HNC—21T/22T 系统参考程序

程序段号	加工程序	注释
G82 参考程序	O0051	
N010	G90　G94	绝对坐标编程，每分钟进给
N020	M3　800	主轴正转，800r/min
N030	T0101	换1号螺纹车刀
N040	G00　X32.0　Z5.0	快速定位，比孔的直径要小
N050	G82　X29.1　Z－24.0　F2.0	螺纹车削第一刀
N060	X28.5	螺纹车削第二刀
N070	X27.9	螺纹车削第三刀
N080	X27.5	螺纹车削第四刀
N090	X27.4	螺纹车削第五刀
N100	X27.4	修光
N110	G00　X150.0　Z150.0	退刀
N120	M30	程序结束

程序段号	加工程序	注释
G76 参考程序	O0051	
N010	G90　G94	绝对坐标编程，每分钟进给
N020	M3　800	主轴正转，800r/min
N030	T0101	换1号螺纹车刀
N040	G00　X32.0　Z5.0	快速定位，比孔的直径要小
N050	G76　C1　R0　E2　A60　X27.4　Z－24.0　I0 K1.3　U0.05　V0.08　Q0.4　P0　F2.0	螺纹加工复合循环
N060	G00　X150.0　Z150.0	退刀
N070	M30	程序结束

2. 广数 GSK 980TD 系统加工程序

程序段号	加工程序	注释
G92 参考程序	O0051；	
N010	G90　G98；	绝对坐标编程，每分钟进给
N020	M3　800；	主轴正转，800r/min
N030	T0101；	换1号螺纹车刀
N040	G00　X32.0　Z5.0；	快速定位，比孔的直径要小
N050	G92　X29.1　Z－24.0　F2.0；	螺纹车削第一刀
N060	X28.5；	螺纹车削第二刀
N070	X27.9；	螺纹车削第三刀
N080	X27.5；	螺纹车削第四刀
N090	X27.4；	螺纹车削第五刀
N100	X27.4；	修光
N110	G00　X150.0　Z150.0；	退刀
N120	M30；	程序结束

G76 参考程序 O0051；		
程序段号	加工程序	注释
N010	G90 G98；	绝对坐标编程，每分钟进给
N020	M3 800；	主轴正转，800r/min
N030	T0101；	换1号螺纹车刀
N040	G00 X32.0 Z5.0；	快速定位，比孔的直径要小
N050	G76 P010160 Q40 R0.05；	螺纹加工复合循环
N060	G76 X27.4 Z−24.0 R0 P1300 Q350 F2.0；	
N070	G00 X150.0 Z150.0；	退刀
N080	M30；	程序结束

3. SIEMENS—802S/C 系统加工程序

参考程序 SK0041. MPF		
程序段号	加工程序	注释
N010	G90 G94	绝对坐标编程，每分钟进给
N020	M3 800	主轴正转，800r/min
N030	T1 D1	换1号螺纹车刀
N040	G00 X32.0 Z5.0	快速定位
N050	R100 = 30.000 R101 = 0.000 R102 = 30.000 R103 = −24.000 R104 = 2.000 R105 = 1.000 R106 = 0.020 R109 = 5.000 R110 = 1.000 R111 = 1.3 R112 = 0.000 R113 = 7.000 R114 = 1.000 LCYC97	螺纹复合循环
N060	G00 X150.0 Z150.0	退刀至换刀点
N070	M30	程序结束

【项目测评】

1. 编写如图 2-50 所示零件的加工程序（华中、广数、西门子系统），并进行机床加工。毛坯尺寸为 φ45mm ×80mm，材料为 45 钢。

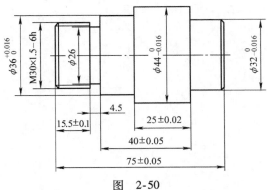

图 2-50

2. 编写如图 2-51 所示零件的加工程序（华中、广数、西门子系统），并进行机床加工。毛坯尺寸为 $\phi50\text{mm} \times 60\text{mm}$，材料为 45 钢。

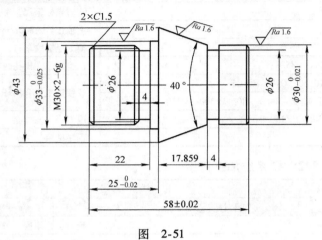

图 2-51

单元三

数控车削综合实训

实训一　　轴类零件的数控车削加工

【实训描述】

轴类零件是经常遇到的典型零件之一，它主要用来支承传动零部件，传递转矩和承受载荷。按轴类零件结构形式不同，一般可分为光轴、阶梯轴和异形轴三类；或分为实心轴、空心轴等。它们在机器中用来支承齿轮、带轮等传动零件，以传递转矩或运动。轴类零件是回转体零件，其长度大于直径，一般由同心的外圆柱面、圆锥面、孔和螺纹及相应的端面所组成。本实训主要介绍轴类零件的编程及加工工艺安排。

【实训重点】

轴类零件的编程及加工工艺安排。

【实训目标】

- 掌握一般轴类零件的加工方法。
- 掌握轴类零件加工程序的编制方法。
- 会正确选择刀具。

【实训内容】

图 3-1 所示的零件，毛坯尺寸为 $\phi 30\text{mm} \times 60\text{mm}$，材料为硬铝。请分析图样，选择正确的刀具，选择合理的切削参数，填写刀具卡，加工工序卡，编写华中系统、广数系统、西门子系统加工程序。

一、零件图分析

该零件表面由圆柱、圆锥、圆弧、槽以及螺纹等组成，尺寸标注完整，零件材料为硬铝，无热处理和硬度要求。

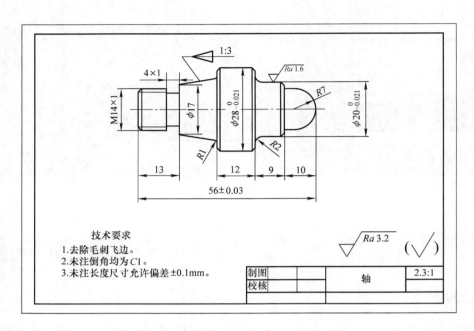

图 3-1　轴类零件

通过以上分析，采取以下几点加工工艺措施：

1）全部采用公称尺寸编程。

2）加工圆弧时注意切削用量和进给速度的选择。

二、刀具及切削参数选择

将所选定的刀具参数填入表 3-1 轴类零件数控加工刀具卡中，以便于编程和操作管理。

表 3-1　轴类零件数控加工刀具卡

零件名称		轴		图号	
序号	刀具号	刀具类型	数量	加工元素	备注
1	T01	93°菱形外圆车刀	1	外圆加工	
2	T02	外切槽刀	1	槽加工（4mm）	
3	T03	60°外螺纹车刀	1	外螺纹	
编制		审核		审　批	

三、切削用量选择

根据被加工表面质量要求、刀具材料和工件材料，参考切削用量手册以及相关资料选取切削速度和进给量，计算主轴转速和进给速度，填入表 3-2 轴类零件数控加工工序卡中。

表 3-2 轴类零件数控加工工序卡

零件名称		轴		图号			
工步号	工步内容		刀具号	转速 $n/(\text{r/min})$	进给速度 $v_\text{f}/(\text{mm/min})$	背吃刀量 a_p/mm	备注
1	车端面		T01	800	100		手动
2	粗车右端外圆		T01	1000	120	2	自动
3	精车右端外圆		T01	1400	100	0.5	自动
4	掉头，车端面，保总长		T01	800	100		手动
5	粗车左端外圆		T01	1000	120	2	自动
6	精车左端外圆		T01	1400	100	0.5	自动
7	车螺纹退刀槽		T02	600	40		自动
8	车螺纹		T03	800	（导程）1mm/r		自动
编制		审核			批准		
编制日期		审核日期			批准日期		

四、数控程序编制（仅供参考）

1. 华中 HNC—21T/22T 系统加工程序

右端加工程序 O0011		
程序段号	加工程序	注释
N010	G90　G94	绝对坐标编程，每分钟进给
N020	M3　S1000	主轴正转，1000r/min
N030	T0101	换 1 号外圆车刀
N040	G00　X31.0　Z1.0	快速定位
N050	G71　U2.0　R1.0　P120　Q230　X1.0　Z0.05　F120.0	粗车循环
N060	G00　X150.0　Z150.0	退刀至换刀点
N070	M5	主轴停止
N080	M0	程序暂停
N090	M3　S1400　F100.0	精加工，转速调整为 1400r/min
N100	T0101	换 1 号外圆车刀
N110	G00　X31.0　Z1.0	快速定位
N120	G00X0.0	
N130	G01　Z0	
N140	G03　X14.0　Z－7.0　R7.0	
N150	G01　Z－10.0	
N160	X18.0	
N170	X20.0　Z－11.0	
N180	Z－17.0	
N190	G02　X24.0　Z－19.0　R2.0	精加工轮廓
N200	G01　X26.0	
N210	X28.0　Z－20.0	
N220	Z－32.0	
N230	X30.0	

（续）

右端加工程序　OO011		
程序段号	加工程序	注释
N240	G00　X150.0	退刀至换刀点
N250	Z150.0	退刀至换刀点
N260	M30	程序结束

左端端加工程序　　OO012		
程序段号	加工程序	注释
N010	G90G94	绝对坐标编程，每分钟进给
N020	M3S1000	主轴正转，1000r/min
N030	T0101	换1号外圆车刀
N040	G00　X31.0　Z1.0	快速定位
N050	G71　U2.0　R1.0　P120　Q190　X1.0　Z0.05　F120.0	粗车循环
N060	G00　X150.0　Z150.0	退刀至换刀点
N070	M5	主轴停止
N080	M0	程序暂停
N090	M3　S1400　F100.0	精加工，转速调整为1400r/min
N100	T0101	换1号外圆车刀
N110	G00　X31.0　Z1.0	快速定位
N120	G00　X12.0	
N130	G01　Z0	
N140	X14.0　Z－1.0	
N150	Z－13.0	
N160	X17.0	精加工轮廓
N170	X20.72　Z－24.16	
N180	G02　X22.69　Z－25.0　R1.0	
N190	G01　X30.0	
N200	G00　X150.0	退刀至换刀点
N210	Z150.0	退刀至换刀点
N220	M5	主轴停止
N230	M0	程序暂停
N240	M3　S600　F40.0	转速600r/min
N250	T0202	换2号车槽刀
N260	G00　X20.0	快速定位
N270	Z－13.0	Z向定位
N280	G01　X12.0	加工槽
N290	X20.0　F100.0	退刀
N300	G00　X150.0	退刀至换刀点

（续）

左端加工程序	OO012	
程序段号	加工程序	注释
N310	Z150.0	退刀至换刀点
N320	M5	主轴停止
N330	M0	程序暂停
N340	M3　S800	转速800r/min
N350	T0303	换3号螺纹刀
N360	G00　X16.0　Z5.0	快速定位
N370	G82　X13.2　Z−10.0　F1.0	螺纹车削第一刀
N380	X12.8	螺纹车削第二刀
N390	X12.7	螺纹车削第三刀
N400	X12.7	修光
N410	G00　X150.0　Z150.0	退刀至换刀点
N420	M30	程序结束

2. 广数 GSK 980TD 系统加工程序

右端加工程序	OO011；	
程序段号	加工程序	注释
N010	G98；	每分钟进给
N020	M3　S1000；	主轴正转，1000r/min
N030	T0101；	换1号外圆车刀
N040	G00　X31.0　Z1.0；	快速定位
N050	G71　U2.0　R1.0；	粗车循环
N055	G71　P60　Q170　U1　W0.05　F120.0；	
N060	G00　X0；	
N070	G01　Z0　F100.0；	
N080	G03　X14.0　Z−7.0　R7.0；	
N090	G01Z−10.0；	
N100	X18.0；	
N110	X20.0　Z−11.0；	精加工轮廓
N120	Z−17.0；	
N130	G02　X24.0　Z−19.0　R2.0；	
N140	G01　X26.0；	
N150	X28.0　Z−20.0；	
N160	Z−32.0；	
N170	X30.0；	
N180	G00　X150.0　Z150.0；	退刀至换刀点

（续）

右端加工程序　　O0011；		
程序段号	加工程序	注释
N190	M5；	主轴停止
N200	M0；	程序暂停
N210	M3　S1400　F100.0；	精加工，转速调整为1400r/min
N220	T0101；	换1号外圆车刀
N230	G00　X31.0　Z1.0；	快速定位
N240	G70　P60　Q170；	精加工
N250	G00　X150.0；	退刀至换刀点
N260	Z150.0；	退刀至换刀点
N270	M30；	程序结束

左端加工程序　　O0012		
程序段号	加工程序	注释
N010	G98；	每分钟进给
N020	M3　S1000；	主轴正转，1000r/min
N030	T0101；	换1号外圆车刀
N040	G00　X31.0　Z1.0；	快速定位
N050	G71　U2.0　R1.0；	粗车循环
N055	G71　P60　Q130　U1　W0.05　F120.0；	
N060	G00　X12.0；	精加工轮廓
N070	G01　Z0；	
N080	X14.0　Z-1.0；	
N090	Z-13.0；	
N100	X17.0；	
N110	X20.72　Z-24.16；	
N120	G02　X22.69　Z-25.0　R1.0；	
N130	G01　X30.0；	
N140	G00　X150.0　Z150.0；	退刀至换刀点
N150	M5；	主轴停止
N160	M0；	程序暂停
N170	M3　S1400　F100.0；	精加工，转速调整为1400r/min
N180	T0101；	换1号外圆车刀
N190	G00　X31.0　Z1.0；	快速定位
N200	G70　P60　Q130；	精加工
N210	G00　X150.0；	退刀至换刀点
N220	Z150.0；	退刀至换刀点

（续）

左端加工程序	O0012	
程序段号	加工程序	注释
N230	M5；	主轴停止
N240	M0；	程序暂停
N250	M3 S600 F40.0；	转速600r/min
N260	T0202；	换2号切槽刀
N270	G00 X20.0；	快速定位
N280	Z−13.0；	Z向定位
N290	G01 X12.0；	加工槽
N300	X20.0 F100.0；	退刀
N310	G00 X150.0；	退刀至换刀点
N320	Z150.0；	退刀至换刀点
N330	M5；	主轴停止
N340	M0；	程序暂停
N350	M3 S800；	转速800r/min
N360	T0303；	换3号螺纹刀
N370	G00 X16.0 Z5.0；	快速定位
N380	G92 X13.2 Z−10 F1；	螺纹车削第一刀
N390	X12.8；	螺纹车削第二刀
N400	X12.7；	螺纹车削第三刀
N410	X12.7；	修光
N420	G00 X150.0 Z150.0；	退刀至换刀点
N430	M30；	程序结束

3. SIEMENS—802S/C 系统加工程序

右端加工程序	SK0011.MPF	
程序段号	加工程序	注释
N010	G90 G94	绝对坐标编程，每分钟进给
N020	M3 S1000	主轴正转，1000r/min
N030	T1D1	换1号外圆车刀
N040	G00 X31.0 Z1.0	快速定位
N050	_ CNAME = "L0031" R105 = 1 R106 = 0.5 R108 = 2 R109 = 7 R110 = 1 R111 = 120 R112 = 100 LCYC95	粗车循环
N055	G00 X150.0 Z150.0	退刀至换刀点
N060	M5	主轴停止

（续）

右端加工程序　SK0011. MPF		
程序段号	加工程序	注释
N070	M0	程序暂停
N080	M3　S1400　F100.0	精加工，转速调整为1400r/min
N090	T1　D1	换1号外圆车刀
N100	G00　X31.0　Z1.0	快速定位
N110	L0011	精加工
N120	G00　X150.0	退刀至换刀点
N130	Z150.0	退刀至换刀点
N140	M30	程序结束

子程序　L0011. SPF		
程序段号	加工程序	注释
N010	G00　X0	
N020	G01　Z0　F100.0	
N030	G03　X14.0　Z−7.0　CR=7.0	
N040	G01　Z−10.0	
N050	X18.0	
N055	X20.0　Z−11.0	
N060	Z−17.0	
N070	G02　X24.0　Z−19.0　CR=2.0	
N080	G01　X26.0	
N090	X28.0　Z−20.0	
N100	Z−32.0	
N110	X30.0	
N120	M17	

左端加工程序　SK0012. MPF		
程序段号	加工程序	注释
N010	G90　G94	绝对坐标编程，每分钟进给
N020	M3　S1000	主轴正转，1000r/min
N030	T1　D1	换1号外圆车刀
N040	G00　X31.0　Z1.0	快速定位
N050	_ CNAME = "L0032" R105 = 1　R106 = 0.5　R108 = 2 R109 = 7　R110 = 1　R111 = 120 R112 = 100 LCYC95	粗车循环

（续）

左端加工程序	SK0012. MPF	
程序段号	加工程序	注释
N055	G00 X150.0 Z150.0	退刀至换刀点
N060	M5	主轴停止
N070	M0	程序暂停
N080	M3 S1400 F100.0	精加工，转速调整为 1400r/min
N090	T1 D1	换 1 号外圆车刀
N100	G00 X31.0 Z1.0	快速定位
N110	L0012	精加工
N120	G00 X150.0	退刀至换刀点
N130	Z150.0	退刀至换刀点
N140	M30	程序结束
N150	M5	主轴停止
N160	M0	程序暂停
N170	M3 S600 F40.0	转速 600r/min
N180	T2 D1	换 2 号切槽刀
N190	G00 X20.0	快速定位
N200	Z-13.0	Z 向定位
N210	G01 X12.0	加工槽
N220	X20.0 F100.0	退刀
N230	G00 X150.0	退刀至换刀点
N240	Z150.0	退刀至换刀点
N250	M5	主轴停止
N260	M0	程序暂停
N270	M3 S800	转速 800r/min
N280	T3 D1	换 3 号螺纹刀
N290	G00 X16.0 Z5.0	快速定位
N300	R100 = 14.000 R101 = 0.000 R102 = 14.000 R103 = -10.000 R104 = 1.000 R105 = 1.000 R106 = 0.020 R109 = 5.000 R110 = 1.000 R111 = 0.650 R112 = 0.000 R113 = 7.000 R114 = 1.000 LCYC97	将螺纹参数付值，加工螺纹
N310	G00 X150.0 Z150.0	退刀至换刀点
N320	M30	程序结束

子程序	L0012. SPF	
程序段号	加工程序	注释
N010	G00　X12.0	
N020	G01　Z0	
N030	X14.0　Z－1.0	
N040	Z－13.0	
N050	X17.0	
N055	X20.72　Z－24.16	
N060	G02　X22.69　Z－25.0　CR＝1.0	
N070	G01　X30.0	
N120	M17	子程序结束

【实训测评】

1. 编写如图 3-2 所示零件的加工程序（华中、广数、西门子系统），并进行机床加工。毛坯尺寸为 $\phi45\text{mm} \times 100\text{mm}$，材料为 45 钢。

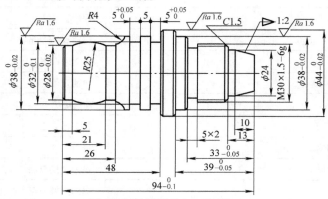

图 3-2　轴类零件加工实训一

2. 编写如图 3-3 所示零件的加工程序（华中、广数、西门子系统），并进行机床加工。毛坯尺寸为 $\phi45\text{mm} \times 100\text{mm}$，材料为 45 钢。

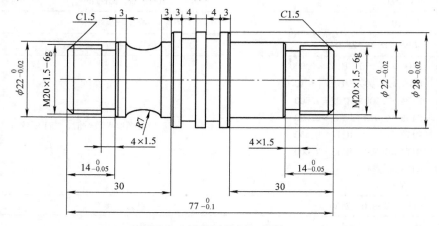

图 3-3　轴类零件加工实训二

实训二　　轴套类零件的数控车削加工

【实训描述】

轴套类零件的基本形状是同轴回转体，并且主要在车床上加工。轴套类零件的工艺结构以倒角和倒圆、退刀槽和越程槽为主。

【实训重点】

轴套类零件的编程及加工工艺安排。

【实训目标】

- ➲ 掌握一般轴套类零件的加工方法。
- ➲ 掌握轴套类零件加工程序的编制方法。
- ➲ 会正确选择刀具以及合理选择加工参数。

【实训内容】

图 3-4 所示的零件，毛坯尺寸为 $\phi70mm \times 85mm$，材料为 45 钢。请分析图样，选择正确的刀具，选择合理的切削参数，填写刀具卡，加工工序卡，编写华中系统、广数系统、西门子系统加工程序。

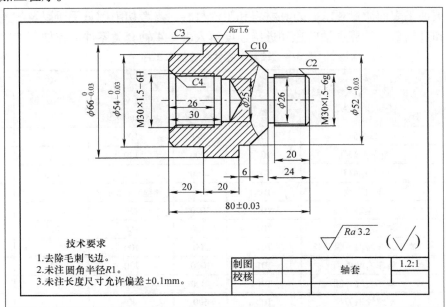

图 3-4　轴套类零件

一、零件图分析

该零件表面由圆柱、圆锥、圆弧、槽、孔以及内外螺纹等组成，尺寸标注完整，零件材料为 45 钢，无热处理和硬度要求。

通过以上分析，采取以下几点加工工艺措施：

1）全部采用公称尺寸编程。

2）螺纹加工注意选择合理的切削参数。

二、刀具及切削参数选择

将所选定的刀具参数填入表 3-3 轴套类零件数控加工刀具卡中，以便于编程和操作管理。

表 3-3　轴套类零件数控加工刀具卡

零件名称		轴	图号		
序号	刀具号	刀具类型	数量	加工元素	备注
1	T01	93°菱形外圆车刀	1	外圆	
2	T02	外切槽刀	1	槽（4mm）	
3	T03	60°外螺纹车刀	1	外螺纹	
4	T04	内孔车刀	1	孔	
5	T05	内螺纹车刀	1	内螺纹	
编制		审核		审　批	

三、切削用量选择

根据被加工表面质量要求、刀具材料和工件材料，参考切削用量手册以及相关资料选取切削速度和进给量，计算主轴转速和进给速度填入表 3-4 轴套类零件数控加工工序卡中。

表 3-4　轴套类零件数控加工工序卡

零件名称		轴套	图号			
工步号	工步内容	刀具号	转速 $n/(r/min)$	进给速度 $v_f/(mm/min)$	背吃刀量 a_p/mm	备注
1	车端面	T01	800	100		手动
2	粗车左端孔	T04	1000	120	2	自动
3	精车左端孔	T04	1400	100	0.5	自动
4	车内螺纹	T05	800	（导程）1.5mm/r		自动
5	粗车左端外圆	T01	1000	120	2	自动
6	精车左端外圆	T01	1400	100	0.5	自动
7	掉头，车端面，保总长	T01	800	100		手动
8	粗车右端外圆	T01	1000	120	2	自动
9	精车右端外圆	T01	1400	100	0.5	自动
10	车螺纹退刀槽	T02	600	40		自动
11	车外螺纹	T03	800	（导程）1.5mm/r		自动
编制		审核		批准		
编制日期		审核日期		批准日期		

四、数控程序编制

1. 华中 HNC—21T/22T 系统加工程序

程序段号	加工程序	注释
左端加工程序　O0021		
N010	G90　G94	绝对坐标编程，每分钟进给
N020	M3　S1000	主轴正转，1000r/min
N030	T0404	换 4 号内孔车刀
N040	G00　X24.0　Z1.0	快速定位
N050	G71　U2.0　R0.2　P120　Q160　X－1.0　Z0.05　F120.0	孔粗车循环
N060	G00　Z200.0	退刀至换刀点
N070	M5	主轴停止
N080	M0	程序暂停
N090	M3　S1400　F100	精加工，转速调整为 1400r/min
N100	T0404	换 4 号孔车刀
N110	G00　X24.0　Z1.0	快速定位
N120	G00　X36.5	精加工轮廓
N130	G01　Z0	
N140	X28.5　Z－4.0	
N150	Z－30.0	
N160	X25.0	
N170	G00　Z200.0	退刀至换刀点
N180	M5	主轴停止
N190	M0	程序暂停
N200	M3　S800	转速800r/min
N210	T0505	换 5 号内螺纹刀
N220	G00　X28.0	快速定位
N230	Z5.0	快速定位
N240	G82　X29.1　Z－26　F1.5	加工螺纹第一刀
N250	X29.6	加工螺纹第二刀
N260	X29.9	加工螺纹第三刀
N270	X30.05	加工螺纹第四刀
N280	X30.05	修光
N290	G00　Z200.0	退刀
N300	M5	主轴停止
N310	M0	程序暂停
N320	M3　S1000	主轴正转，1000r/min
N330	T0101	换 1 号外圆车刀

（续）

左端加工程序　O0021

程序段号	加工程序	注释
N340	G00　X71.0　Z1.0	快速定位
N350	G71　U2　R1　P420　Q490　X1.0　Z0.05　F120.0	粗车循环
N360	G00　X150.0　Z150.0	退刀至换刀点
N370	M5	主轴停止
N380	M0	程序暂停
N390	M3　S1400　F100.0	精加工，转速调整为 1400r/min
N400	T0101	换 1 号外圆车刀
N410	G00　X71.0　Z1.0	快速定位
N420	G00　X48.0	精加工轮廓
N430	G01　Z0　F100.0	
N440	X54.0　Z−3.0	
N450	Z−20.0	
N460	X64.0	
N470	G03　X66.0　Z−21.0　R1.0	
N480	G01　Z−42.0	
N490	X70.0	
N500	G00　X150.0	退刀至换刀点
N510	Z150.0	退刀至换刀点
N520	M30	程序结束

右端加工程序　O0022

程序段号	加工程序	注释
N010	G90　G94	绝对坐标编程，每分钟进给
N020	M3　S1000	主轴正转，1000r/min
N030	T0101	换 1 号外圆车刀
N040	G00　X71.0　Z1.0	快速定位
N050	G71　U2　R1　P120　Q210　X1.0　Z0.05　F120.0	粗车循环
N060	G00　X150.0　Z150.0	退刀至换刀点
N070	M5	主轴停止
N080	M0	程序暂停
N090	M3　S1400　F100.0	精加工，转速调整为 1400r/min
N100	T0101	换 1 号外圆车刀
N110	G00　X71.0　Z1.0	快速定位
N120	G00　X26.0	精加工轮廓
N130	G01　Z0	

（续）

右端加工程序　　OO0022		
程序段号	加工程序	注释
N140	X30.0　Z－2.0	精加工轮廓
N150	Z－24.0	
N160	X32.0	
N170	X52.0　Z－34.0	
N180	Z－40.0	
N190	X64.0	
N200	G03　X66.0　Z－21.0　R1.0	
N210	G01　X70.0	
N220	G00　X150.0	退刀至换刀点
N230	Z150.0	退刀至换刀点
N240	M5	主轴停止
N250	M0	程序暂停
N260	M3　S600　F40.0	转速 600r/min
N270	T0202	换 2 号切槽刀
N280	G00　X32.0	快速定位
N290	Z－24.0	Z 向定位
N300	G01　X26.0	加工槽
N310	X32　F100.0	退刀
N320	G00　X150.0	退刀至换刀点
N330	Z150.0	退刀至换刀点
N340	M5	主轴停止
N350	M0	程序暂停
N360	M3　S800	转速 800r/min
N370	T0303	换 3 号外螺纹刀
N380	G00　X32.0　Z5.0	快速定位
N390	G82　X29.1　Z－10.0　F1.5	螺纹车削第一刀
N400	X28.5	螺纹车削第二刀
N410	X28.2	螺纹车削第三刀
N420	X28.05	螺纹车削第四刀
N430	X28.05	修光
N440	G00　X150.0　Z150.0	退刀至换刀点
N450	M30	程序结束

2. 广数 GSK 980TD 系统加工程序

程序段号	加工程序	注释
左端加工程序　　O0021；		
N010	G98；	每分钟进给
N020	M3　S1000；	主轴正转，1000r/min
N030	T0404	换4号内孔车刀
N040	G00　X24.0　Z1.0；	快速定位
N050	G71　U2　R0.2；	孔粗车循环
N055	G71　P60　Q100　U−1　W0.05　F120.0；	
N060	G00　X36.5；	精加工轮廓
N070	G01　Z0；	
N080	X28.5　Z−4；	
N090	Z−30.0；	
N100	X25.0；	
N110	G00　Z200.0；	退刀至换刀点
N120	M5；	主轴停止
N130	M0；	程序暂停
N140	M3　S1400　F100.0；	精加工，转速调整为1400r/min
N150	T0404；	换4号内孔车刀
N160	G00　X24.0　Z1.0；	快速定位
N170	G70　P60　Q100；	精加工
N180	G00　Z200；	退刀至换刀点
N190	M5；	主轴停止
N200	M0；	程序暂停
N210	M3　S800；	转速800r/min
N220	T0505；	换5号内螺纹刀
N230	G00　X28.0；	快速定位
N240	Z5.0；	快速定位
N250	G92　X29.1　Z−26　F1.5；	加工螺纹第一刀
N260	X29.6；	加工螺纹第二刀
N270	X29.9；	加工螺纹第三刀
N280	X30.05；	加工螺纹第四刀
N290	X30.05；	修光
N300	G00　Z200.0；	退刀
N310	M5；	主轴停止
N320	M0；	程序暂停
N330	M3　S1000；	主轴正转，1000r/min

（续）

左端加工程序　　O0021；		
程序段号	加工程序	注释
N340	T0101；	换1号外圆车刀
N350	G00　X71.0　Z1.0；	快速定位
N360	G71　U2.0　R1.0；	粗车循环
N365	G71　P370　Q440　U1　W0.05　F120.0；	
N370	G00　X48.0；	精加工轮廓
N380	G01　Z0　F100.0；	
N390	X54.0　Z−3.0；	
N400	Z−20.0；	
N410	X64.0；	
N420	G03　X66.0　Z−21.0　R1.0；	
N430	G01　Z−42.0；	
N440	X70.0；	
N450	G00　X150.0　Z150.0；	退刀至换刀点
N460	M5；	主轴停止
N470	M0；	程序暂停
N480	M3　S1400　F100.0；	精加工，转速调整为1400r/min
N490	T0101；	换1号外圆车刀
N500	G00　X71.0　Z1.0；	快速定位
N510	G70　P370　Q440；	精加工
N520	G00　X150.0；	退刀至换刀点
N530	Z150.0；	退刀至换刀点
N540	M30；	程序结束

右端加工程序　　O0022；		
程序段号	加工程序	注释
N010	G98；	每分钟进给
N020	M3　S1000；	主轴正转，1000r/min
N030	T0101；	换1号外圆车刀
N040	G00　X71.0　Z1.0；	快速定位
N050	G71　U2.0　R1.0；	粗车循环
N055	G71　P60　Q150　U1　W0.05　F120.0；	
N060	G00　X26.0；	精加工轮廓
N070	G01　Z0；	
N080	X30.0　Z−2.0；	
N090	Z−24.0；	

（续）

右端加工程序 O0022；

程序段号	加工程序	注释
N100	X32.0；	精加工轮廓
N110	X52.0 Z-34.0；	
N120	Z-40.0；	
N130	X64.0；	
N140	G03 X66.0 Z-21.0 R1.0；	
N150	G01 X70.0；	
N160	G00 X150.0 Z150.0；	退刀至换刀点
N170	M5；	主轴停止
N180	M0；	程序暂停
N190	M3 S1400 F100.0；	精加工，转速调整为1400r/min
N200	T0101；	换1号外圆车刀
N210	G00 X71.0 Z1.0；	快速定位
N220	G70 P60 Q150；	精加工
N230	G00 X150.0；	退刀至换刀点
N240	Z150.0；	退刀至换刀点
N250	M5；	主轴停止
N260	M0；	程序暂停
N265	M3 S600 F40.0；	转速600r/min
N270	T0202；	换2号切槽刀
N280	G00 X32.0；	快速定位
N290	Z-24.0；	Z定位
N300	G01 X26.0；	加工槽
N310	X32.0 F100.0；	退刀
N320	G00 X150.0；	退刀至换刀点
N330	Z150.0；	退刀至换刀点
N340	M5；	主轴停止
N350	M0；	程序暂停
N360	M3 S800；	转速800r/min
N370	T0303；	换3号外螺纹刀
N380	G00 X32.0 Z5.0；	快速定位
N390	G92 X29.1 Z-10 F1.5；	螺纹车削第一刀
N400	X28.5；	螺纹车削第二刀
N410	X28.2；	螺纹车削第三刀
N420	X28.05；	螺纹车削第四刀
N430	X28.05；	修光
N440	G00 X150.0 Z150.0；	退刀至换刀点
N450	M30；	程序结束

3. SIEMENS—802S/C 系统加工程序

左端加工程序	SK0021. MPF	
程序段号	加工程序	注释
N010	G90 G94	绝对坐标编程，每分钟进给
N020	M3 S1000	主轴正转，1000r/min
N030	T4 D1	换 4 号内孔车刀
N040	G00 X24.0 Z1.0	快速定位
N050	_ CNAME = "L0021" R105 = 3 R106 = 0.5 R108 = 2 R109 = 7 R110 = 0.2 R111 = 120 R112 = 100 LCYC95	粗车循环
N060	G00 Z200.0	退刀至换刀点
N070	M5	主轴停止
N080	M0	程序暂停
N090	M3 S1400 F100.0	精加工，转速调整为 1400r/min
N100	T4 D1	换 4 号内孔车刀
N110	G00 X24.0 Z1.0	快速定位
N120	L0021	精加工
N130	G00 Z200.0	退刀至换刀点
N140	M5	主轴停止
N150	M0	程序暂停
N160	M3 S800	转速 800r/min
N170	T5 D1	换 5 号内螺纹刀
N180	G00 X28.0	快速定位
N190	Z5.0	快速定位
N200	R100 = 28.050 R101 = 0.000 R102 = 28.050 R103 = −26.000 R104 = 1.500 R105 = 2.000 R106 = 0.020 R109 = 5.000 R110 = 0.000 R111 = 0.975 R112 = 0.000 R113 = 7.000 R114 = 1.000 LCYC97	螺纹加工
N210	G00 Z200.0	退刀
N220	M5	主轴停止
N230	M0	程序暂停
N240	M3 S1000	主轴正转，1000r/min
N250	T1 D1	换 1 号外圆车刀
N260	G00 X71.0 Z1.0	快速定位

（续）

左端加工程序	SK0021. MPF	
程序段号	加工程序	注释
N270	_ CNAME = "L0022" R105 = 1 R106 = 0.5 R108 = 2 R109 = 7 R110 = 1 R111 = 120 R112 = 100 LCYC95	粗车循环
N280	G00 X150.0 Z150.0	退刀至换刀点
N290	M5	主轴停止
N300	M0	程序暂停
N310	M3 S1400 F100.0	精加工，转速调整为 1400r/min
N320	T1 D1	换 1 号外圆车刀
N330	G00 X71.0 Z1.0	快速定位
N340	L0022	精加工
N350	G00 X150.0	退刀至换刀点
N360	Z150.0	退刀至换刀点
N370	M30	程序结束

子程序 L0021. SPF		
程序段号	程序	注释
N010	G00 X36.5	精加工轮廓
N020	G01 Z0	
N030	X28.5 Z − 4	
N040	Z − 30.0	
N050	X25.0	
N055	M17	子程序结束

子程序 L0022. SPF		
程序段号	程序	注释
N010	G00 X48.0	精加工轮廓
N020	G01 Z0 F100.0	
N030	X54.0 Z − 3.0	
N040	Z − 20.0	
N050	X64.0	
N055	G03 X66.0 Z − 21.0 CR = 1.0	
N060	G01 Z − 42.0	
N070	X70.0	
N080	M17	子程序结束

右端加工程序	SK0022. MPF	
程序段号	加工程序	注释
N010	G90　G94	绝对坐标编程，每分钟进给
N020	M3　S1000	主轴正转，1000r/min
N030	T1　D1	换1号外圆车刀
N040	G00　X71.0　Z1.0	快速定位
N050	_ CNAME = "L0023" R105 = 1　R106 = 0.5　R108 = 2 R109 = 7　R110 = 1　R111 = 120 R112 = 100 LCYC95	粗车循环
N055	G00　X150.0　Z150.0	退刀至换刀点
N060	M5	主轴停止
N070	M0	程序暂停
N080	M3　S1400　F100.0	精加工，转速调整为1400r/min
N090	T1　D1	换1号外圆车刀
N100	G00　X71.0　Z1.0	快速定位
N110	L0023	精加工
N120	G00　X150.0	退刀至换刀点
N130	Z150.0	退刀至换刀点
N150	M5	主轴停止
N160	M0	程序暂停
N170	M3　S600　F40.0	转速600r/min
N180	T2　D1	换2号切槽刀
N190	G00　X32.0	快速定位
N200	Z – 24.0	Z向定位
N210	G01　X26.0	加工槽
N220	X32.0　F100.0	退刀
N230	G00　X150.0	退刀至换刀点
N240	Z150.0	退刀至换刀点
N250	M5	主轴停止
N260	M0	程序暂停
N270	M3　S800	转速800r/min
N280	T3　D1	换3号外螺纹刀
N290	G00　X32.0　Z5.0	快速定位
N300	R100 = 30.000　R101 = 0.000 R102 = 30.000　R103 = – 20.000 R104 = 1.500　R105 = 1.000 R106 = 0.020　R109 = 5.000 R110 = 1.000　R111 = 0.975 R112 = 0.000　R113 = 7.000 R114 = 1.000 LCYC97	将螺纹参数赋值，加工螺纹
N310	G00　X150.0　Z150.0	退刀至换刀点
N320	M30	程序结束

子程序	L0023. SPF	
程序段号	加工程序	注释
N010	G00　X26.0	
N020	G01　Z0	
N030	X30.0　Z-2.0	
N040	Z-24.0	
N050	X32.0	
N055	X52.0　Z-34.0	精加工轮廓
N060	Z-40.0	
N070	X64.0	
N080	G03　X66.0　Z-21.0　CR=1.0	
N090	G01　X70.0	
N100	M17	子程序结束

【实训测评】

1. 编写如图 3-5 所示轴套零件的加工程序（华中、广数、西门子系统），并进行机床加工。毛坯尺寸为 $\phi50\text{mm} \times 50\text{mm}$，材料为 45 钢。

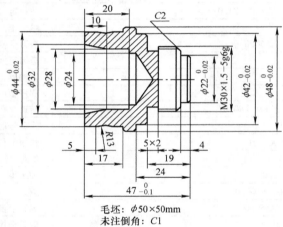

毛坯：$\phi50\times50\text{mm}$
未注倒角：C1

图 3-5　轴套类零件加工实训一

2. 编写如图 3-6 所示轴套零件的加工程序（华中、广数、西门子系统），并进行机床加工。毛坯尺寸为 $\phi60\text{mm} \times 45\text{mm}$，材料为 45 钢。

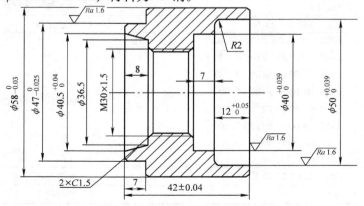

图 3-6　轴套类零件加工实训二

实训三　配合零件的数控车削加工

【实训描述】

零件的配合包括圆柱配合、圆锥配合、螺纹配合。在实际生产中，单独的零件加工完成以后都需要通过各种方式装配在一起。装配的方式有很多种，如螺纹联接，焊接等。本实训是以螺纹联接为例，讲解配合零件的加工工艺及编程。

【实训重点】

配合零件的加工工艺安排。

【实训目标】

⊃掌握配合零件的加工工艺。
⊃掌握配合零件加工程序的编制方法。
⊃配合加工时切削用量和进给速度的选择。
⊃会正确选择刀具。

【实训内容】

图 3-7、图 3-8 所示的配合零件，毛坯尺寸分别为 $\phi50\text{mm} \times 80\text{mm}$，$\phi50\text{mm} \times 45\text{mm}$。材料为 45 钢。请分析图样，选择正确的刀具，选择合理的切削参数，填写刀具卡，加工工序卡，编写华中系统、广数系统、西门子系统加工程序。

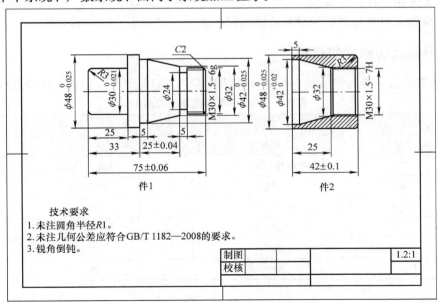

技术要求
1. 未注圆角半径R1。
2. 未注几何公差应符合GB/T 1182—2008的要求。
3. 锐角倒钝。

制图			1.2:1
校核			

图 3-7　配合零件（一）

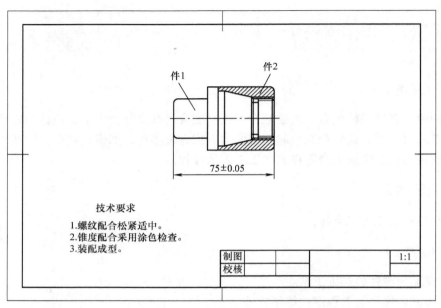

图 3-8　配合零件（二）

一、零件图分析

该零件由两件组成：件 1 为轴件，加工表面有圆柱、圆锥、圆弧、槽以及螺纹等；件 2 为轴套件，加工表面有圆柱、内孔、内螺纹等。零件图尺寸标注完整，材料为 45 钢，无热处理和硬度要求。

通过以上分析，采取以下几点加工工艺措施：

1）全部采用公称尺寸编程。

2）配合加工时注意切削用量和进给速度的选择，以防止工件卸不下来。

二、刀具及切削参数选择

将所选定的刀具参数填入表 3-5 配合零件数控加工刀具卡中，以便于编程和操作管理。

表 3-5　配合零件数控加工刀具卡

零件名称		轴	图号		
序号	刀具号	刀具类型	数量	加工元素	备注
1	T01	93°菱形外圆车刀	1	端面、外圆	
2	T02	外切槽刀	1	槽（4mm）	
3	T03	60°外螺纹刀	1	外螺纹	
4	T04	内圆车刀	1	孔	
5	T05	内螺纹车刀	1	内螺纹	
编制		审核		审　批	

三、切削用量选择

根据被加工表面质量要求、刀具材料和工件材料，参考切削用量手册以及相关资料选取切削速度和进给量，计算主轴转速和进给速度填入表3-6配合零件数控加工工序卡中。

表3-6　配合零件数控加工工序卡

零件名称		轴		图号			
工步号	工步内容	刀具号	转速 $n/(\mathrm{r/min})$	进给速度 $v_\mathrm{f}/(\mathrm{mm/min})$	背吃刀量 a_p/mm		备注
1	件2：两端车端面，保证总长	T01	800	100			手动
2	件2：粗车孔	T04	1000	120	2		自动
3	件2：精车左端孔	T04	1400	100	0.5		自动
4	件2：车内螺纹	T05	800	（导程）1.5mm/r			自动
5	件1：粗车左端外圆	T01	1000	120	2		自动
6	件1：精车左端外圆	T01	1400	100	0.5		自动
7	件1：掉头，车端面，保总长	T01	800	100			手动
8	件1：粗车右端外圆	T01	1000	120	2		自动
9	件1：精车右端外圆	T01	1400	100	0.5		自动
10	件1：车螺纹退刀槽	T02	600	40			自动
11	件1：车外螺纹	T03	800	（导程）1.5mm/r			自动
12	配合：将件2旋入件1，加工件2外圆	T01	1400	100			自动
编制		审核			批准		
编制日期		审核日期			批准日期		

四、数控程序编制

1. 华中 HNC—21T/22T 系统加工程序

件2孔加工程序　O0031

程序段号	加工程序	注释
N010	G90　G94	绝对坐标编程，每分钟进给
N020	M3　S1000	主轴正转，1000r/min
N030	T0404	换4号内孔车刀
N040	G00　X24.0　Z1.0	快速定位
N050	G71　U2.0　R0.2　P120　Q180　X−1.0　Z0.05　F120.0	内孔粗车循环
N060	G00　Z200.0	退刀至换刀点
N070	M5	主轴停止
N080	M0	程序暂停
N090	M3　S1400　F100.0	精加工，转速调整为1400r/min
N100	T0404	换4号内孔车刀

（续）

件2 孔加工程序　O0031

程序段号	加工程序	注释
N110	G00　X24.0　Z1.0	快速定位
N120	G00　X42.0	
N130	G01　Z－5.0	
N140	X32.0　Z－25.0	
N150	X31.5	精加工轮廓
N160	X28.5　Z－26.5	
N170	Z－43.0	
N180	X25.0	
N190	G00　Z200.0	退刀至换刀点
N200	M5	主轴停止
N210	M0	程序暂停
N220	M3　S800	转速800r/min
N230	T0505	换5号内螺纹刀
N240	G00　X28.0	快速定位
N250	Z5.0	快速定位
N260	G82　X29.1　Z－44.0　F1.5	加工螺纹第一刀
N270	X29.6	加工螺纹第二刀
N280	X29.9	加工螺纹第三刀
N290	X30.05	加工螺纹第四刀
N300	X30.05	修光
N310	G00　Z200.0	退刀
N320	M30	程序结束

件1 左端加工程序　O0032

程序段号	加工程序	注释
N010	G90　G94	绝对坐标编程，每分钟进给
N020	M3　S1000	主轴正转，1000r/min
N030	T0101	换1号外圆车刀
N040	G00　X51.0　Z1.0	快速定位
N050	G71　U2.0　R1.0　P120　Q190　X1.0　Z0.05　F120.0	粗车循环
N060	G00　X150.0　Z150.0	退刀至换刀点
N070	M5	主轴停止
N080	M0	程序暂停
N090	M3　S1400　F100.0	精加工，转速调整为1400r/min
N100	T0101	换1号外圆车刀

（续）

件1 左端加工程序　OO032

程序段号	加工程序	注释
N110	G00　X51.0　Z1.0	快速定位
N120	G00　X24.0	精加工轮廓
N130	G01　Z0	
N140	G03　X30.0　Z−3.0　R3.0	
N150	G01　Z−25.0	
N160	X46.0	
N170	G03　X48.0　Z−26.0　R1.0	
N180	G01　Z−34.0	
N190	X50.0	
N200	G00　X150.0	退刀至换刀点
N210	Z150.0	退刀至换刀点
N220	M30	程序结束

件1 右端加工程序　OO033

程序段号	加工程序	注释
N010	G90　G94	绝对坐标编程，每分钟进给
N020	M3　S1000	主轴正转，1000r/min
N030	T0101	换1号外圆车刀
N040	G00　X51.0　Z1.0	快速定位
N050	G71　U2.0　R1.0　P120　Q190　X1　Z0.05　F120.0	粗车循环
N060	G00　X150.0　Z150.0	退刀至换刀点
N070	M5	主轴停止
N080	M0	程序暂停
N090	M3　S1400　F100.0	精加工，转速调整为1400r/min
N100	T0101	换1号外圆车刀
N110	G00　X51.0　Z1.0	快速定位
N120	G00　X26.0	精加工轮廓
N130	G01　Z0	
N140	X30.0　Z−2.0	
N150	Z−17.0	
N160	X32.0	
N170	X42.0　Z−37.0	
N180	Z−42.0	
N190	X50.0	
N200	G00　X150.0	退刀至换刀点

（续）

件1右端加工程序　OO033

程序段号	加工程序	注释
N210	Z150. 0	退刀至换刀点
N220	M5	主轴停止
N230	M0	程序暂停
N240	M3　S600　F40. 0	转速600r/min
N250	T0202	换2号车槽刀
N260	G00　X32. 0	快速定位
N270	Z－17. 0	Z向定位
N280	G01　X26. 0	加工槽
N290	X32　F100. 0	退刀
N300	Z－16. 0	Z向定位
N310	X26. 0　F40. 0	加工槽
N320	X32. 0　F100. 0	退刀
N330	G00　X150. 0	退刀至换刀点
N340	Z150. 0	退刀至换刀点
N350	M5	主轴停止
N360	M0	程序暂停
N370	M3　S800	转速800r/min
N380	T0303	换3号外螺纹刀
N390	G00　X32. 0　Z5. 0	快速定位
N400	G82　X29. 1　Z－13. 0　F1. 5	螺纹车削第一刀
N410	X28. 5	螺纹车削第二刀
N420	X28. 2	螺纹车削第三刀
N430	X28. 05	螺纹车削第四刀
N440	X28. 05	修光
N450	G00　X150. 0　Z150. 0	退刀至换刀点
N460	M30	程序结束

将件2旋入件1配合加工件2外圆程序　OO034

程序段号	加工程序	注释
N010	G90　G94	绝对坐标编程，每分钟进给
N020	M3　S1400　F100	精加工，转速调整为1400r/min
N030	T0101	换1号外圆车刀
N040	G00　X51. 0　Z1. 0	快速定位
N050	X49. 0	粗加工
N060	G01　Z－43. 0　F120. 0	粗加工
N070	X51. 0	粗加工
N080	Z2. 0	粗加工

（续）

将件2旋入件1配合加工件2外圆程序　OO034		
程序段号	加工程序	注释
N090	G00　X42.0	精加工轮廓
N100	G01　Z0	
N110	G03　X48.0　Z－3.0　R3.0	
N120	G01　Z－43.0	
N130	X50.0	
N140	G00　X150.0	退刀至换刀点
N150	Z150.0	退刀至换刀点
N160	M30	程序结束

2. 广数 GSK980TD 系统加工程序

件2内孔加工程序　OO031；		
程序段号	加工程序	注释
N010	G98；	每分钟进给
N020	M3　S1000；	主轴正转，1000r/min
N030	T0404；	换4号内孔车刀
N040	G00　X24.0　Z1.0；	快速定位
N050	G71　U2.0　R0.2；	内孔粗车循环
N055	G71　P60　Q120　U－1　W0.05　F120.0；	
N060	G00　X42.0；	精加工轮廓
N070	G01　Z－5.0；	
N080	X32.0　Z－25.0；	
N090	X31.5；	
N100	X28.5　Z－26.5；	
N110	Z－43.0；	
N120	X25.0；	
N130	G00　Z200.0；	退刀至换刀点
N140	M5；	主轴停止
N150	M0；	程序暂停
N160	M3　S1400　F100.0；	转速调整为1400r/min
N170	T0404；	换4号内孔车刀
N180	G00　X24.0　Z1.0；	快速定位
N190	G70　P60　Q120；	精加工
N200	G00　Z200.0；	退刀至换刀点
N210	M5；	主轴停止
N220	M0；	程序暂停

（续）

件2 内孔加工程序　OO0031

程序段号	加工程序	注释
N230	M3　S800；	转速800r/min
N240	T0505；	换5号内螺纹刀
N250	G00　X28.0；	快速定位
N260	Z5.0；	快速定位
N270	G92　X29.1　Z－44.0　F1.5；	加工螺纹第一刀
N280	X29.6；	加工螺纹第二刀
N290	X29.9；	加工螺纹第三刀
N300	X30.05；	加工螺纹第四刀
N310	X30.05；	修光
N320	G00　Z200.0；	退刀
N330	M30	程序结束

件1 左端加工程序　OO0032；

程序段号	加工程序	注释
N010	G98；	每分钟进给
N020	M3　S1000；	主轴正转，1000r/min
N030	T0101；	换1号外圆车刀
N040	G00　X51.0　Z1.0；	快速定位
N050	G71　U2.0　R1.0；	粗车循环
N055	G71　P60　Q130　U1　W0.05　F120.0；	
N060	G00　X24.0；	精加工轮廓
N070	G01　Z0；	
N080	G03　X30.0　Z－3.0　R3.0；	
N090	G01　Z－25.0；	
N100	X46.0；	
N110	G03　X48.0　Z－26.0　R1.0；	
N120	G01　Z－34.0；	
N130	X50.0；	
N140	G00　X150.0　Z150.0；	退刀至换刀点
N150	M5；	主轴停止
N160	M0；	程序暂停
N170	M3　S1400　F100.0；	转速调整为1400r/min
N180	T0101；	换1号外圆车刀
N190	G00　X51.0　Z1.0；	快速定位
N195	G70　P60　Q130；	精加工
N200	G00　X150.0；	退刀至换刀点
N210	Z150.0；	退刀至换刀点
N220	M30；	程序结束

件1右端加工程序　OO033；

程序段号	加工程序	注释
N010	G98；	每分钟进给
N020	M3　S1000；	主轴正转，1000r/min
N030	T0101；	换1号外圆车刀
N040	G00　X51.0　Z1.0；	快速定位
N050	G71　U2.0　R1.0；	粗车循环
N055	G71　P60　Q130　U1.0　W0.05　F120.0；	
N060	G00　X26.0；	精加工轮廓
N070	G01　Z0；	
N080	X30.0　Z－2.0；	
N090	Z－17.0；	
N100	X32.0；	
N110	X42.0　Z－37.0；	
N120	Z－42.0；	
N130	X50.0；	
N140	G00　X150.0　Z150.0；	退刀至换刀点
N150	M5；	主轴停止
N160	M0；	程序暂停
N170	M3　S1400　F100.0；	转速调整为1400r/min
N180	T0101；	换1号外圆车刀
N190	G00　X51.0　Z1.0；	快速定位
N195	G70　P60　Q130.0；	精加工
N200	G00　X150.0；	退刀至换刀点
N210	Z150.0；	退刀至换刀点
N220	M5；	主轴停止
N230	M0；	程序暂停
N240	M3　S600　F40.0；	转速600r/min
N250	T0202；	换2号切槽刀
N260	G00　X32.0；	快速定位
N270	Z－17.0；	Z向定位
N280	G01　X26.0；	加工槽
N290	X32.0　F100.0；	退刀
N300	Z－16.0；	Z向定位
N310	X26.0　F40.0；	加工槽
N320	X32.0　F100.0；	退刀
N330	G00　X150.0；	退刀至换刀点
N340	Z150.0；	退刀至换刀点

（续）

件1 右端加工程序　OO033；

程序段号	加工程序	注释
N350	M5；	主轴停止
N360	M0；	程序暂停
N370	M3　S800；	转速800r/min
N380	T0303；	换3号螺纹刀
N390	G00　X32.0　Z5.0；	快速定位
N400	G92　X29.1　Z−13.0　F1.5；	螺纹车削第一刀
N410	X28.5；	螺纹车削第二刀
N420	X28.2；	螺纹车削第三刀
N430	X28.05；	螺纹车削第四刀
N440	X28.05；	修光
N450	G00　X150.0　Z150.0；	退刀至换刀点
N460	M30；	程序结束

将件2旋入件1配合加工件2外圆程序　OO034；

程序段号	加工程序	注释
N010	G98；	每分钟进给
N020	M3　S1400　F100.0；	精加工，转速调整为1400r/min
N030	T0101；	换1号外圆车刀
N040	G00　X51.0　Z1.0；	快速定位
N050	X49.0；	粗加工
N060	G01　Z−43.0　F120.0；	
N070	X51.0；	
N080	Z2.0；	
N090	G00　X42.0；	精加工轮廓
N100	G01　Z0；	
N110	G03　X48.0　Z−3.0　R3.0；	
N120	G01　Z−43.0；	
N130	X50.0；	
N140	G00　X150.0；	退刀至换刀点
N150	Z150.0；	退刀至换刀点
N160	M30；	程序结束

3. SIEMENS—802S/C 系统加工程序

件2 内孔加工程序　SK0031. MPF

程序段号	加工程序	注释
N010	G90　G94	绝对坐标编程，每分钟进给
N020	M3　S1000	主轴正转，1000r/min
N030	T4　D1	换4号内孔车刀
N040	G00　X24.0　Z1.0	快速定位
N050	_ CNAME = "L0031" R105 = 3　R106 = 0.5　R108 = 2 R109 = 7　R110 = 0.2　R111 = 120 R112 = 100 LCYC　95	内孔粗车循环
N060	G00　Z200	退刀至换刀点
N070	M5	主轴停止
N080	M0	程序暂停
N090	M3　S1400　F100.0	精加工，转速调整为1400r/min
N100	T4　D1	换4号内孔车刀
N110	G00　X24.0　Z1.0	快速定位
N120	L0031	精加工
N130	G00　Z200.0	退刀至换刀点
N140	M5	主轴停止
N150	M0	程序暂停
N160	M3　S800	转速800r/min
N170	T5　D1	换5号内螺纹刀
N180	G00　X28.0	快速定位
N190	Z5.0	快速定位
N200	R100 = 28.050　R101 = 0.000 R102 = 28.050　R103 = −44.000 R104 = 1.500　R105 = 2.000 R106 = 0.020　R109 = 5.000 R110 = 0.000　R111 = 0.975 R112 = 0.000　R113 = 7.000 R114 = 1.000 LCYC97	加工螺纹
N210	G00　Z200.0	退刀
N220	M30	程序结束

子程序　L0031.SPF

程序段号	程序	注释
N060	G00　X42.0	
N070	G01　Z－5.0	
N080	X32　Z－25.0	
N090	X31.5	精加工轮廓
N100	X28.5　Z－26.5	
N110	Z－43.0	
N120	X25.0	
N130	M17	子程序结束

件1 左端加工程序　　SK0032.MPF

程序段号	加工程序	注释
N010	G90　G94	绝对坐标编程，每分钟进给
N020	M3　S1000	主轴正转，1000r/min
N030	T1　D1	换1号外圆车刀
N040	G00　X51.0　Z1.0	快速定位
N050	_ CNAME ＝ "L0032" R105 ＝1　R106 ＝0.5　R108 ＝2 R109 ＝7　R110 ＝1　R111 ＝120 R112 ＝100 LCYC95	粗车循环
N060	G00　X150.0　Z150.0	退刀至换刀点
N070	M5	主轴停止
N080	M0	程序暂停
N090	M3　S1400　F100.0	转速调整为1400r/min
N100	T1　D1	换1号外圆车刀
N110	G00　X51.0　Z1.0	快速定位
N120	L0032	精加工
N130	G00　X150.0	退刀至换刀点
N140	Z150.0	退刀至换刀点
N150	M30	程序结束

子程序　L0032.SPF

程序段号	加工程序	注释
N010	G00　X24.0	
N020	G01　Z0	
N030	G03　X30.0　Z－3.0　CR ＝3.0	
N040	G01　Z－25.0	
N050	X46.0	精加工轮廓
N055	G03　X48.0　Z－26.0　CR ＝1.0	
N060	G01　Z－34.0	
N070	X50.0	
N080	M17	子程序结束

件1 右端加工程序　SK0033. MPF

程序段号	加工程序	注释
N010	G90　G94	绝对坐标编程，每分钟进给
N020	M3　S1000	主轴正转，1000r/min
N030	T1　D1	换1号外圆车刀
N040	G00　X51.0　Z1.0	快速定位
N050	_ CNAME = "L0033" R105 = 1　R106 = 0.5　R108 = 2 R109 = 7　R110 = 1　R111 = 120 R112 = 100 LCYC95	粗车循环
N060	G00　X150.0　Z150.0	退刀至换刀点
N070	M5	主轴停止
N080	M0	程序暂停
N090	M3　S1400　F100.0	转速调整为1400r/min
N100	T1　D1	换1号外圆车刀
N110	G00　X51.0　Z1.0	快速定位
N120	L0033	精加工
N130	G00　X150.0	退刀至换刀点
N150	Z150.0	退刀至换刀点
N160	M5	主轴停止
N170	M0	程序暂停
N180	M3　S600　F40.0	转速600r/min
N190	T2　D1	换2号切槽刀
N200	G00　X32.0	快速定位
N210	Z – 17.0	Z 向定位
N220	G01　X26.0	加工槽
N230	X32.0　F100.0	退刀
N240	Z – 16.0	Z 向定位
N250	X26.0　F40.0	加工槽
N260	X32.0　F100.0	退刀
N270	G00　X150.0	退刀至换刀点
N280	Z150.0	退刀至换刀点
N290	M5	主轴停止
N300	M0	程序暂停
N310	M3　S800	转速800r/min
N320	T3　D1	换3号螺纹刀
N330	G00　X32.0　Z5.0	快速定位
N340	R100 = 30.000　R101 = 0.000 R102 = 30.000　R103 = – 13.000 R104 = 1.500　R105 = 1.000 R106 = 0.020　R109 = 5.000 R110 = 1.000　R111 = 0.975 R112 = 0.000　R113 = 7.000 R114 = 1.000 LCYC97	将螺纹参数赋值，加工螺纹
N350	G00　X150.0　Z150.0	退刀至换刀点
N360	M30	程序结束

子程序　L0033. SPF		
程序段号	加工程序	注释
N010	G00　X26.0	精加工轮廓
N020	G01　Z0	
N030	X30.0　Z - 2.0	
N040	Z - 17.0	
N050	X32.0	
N055	X42.0　Z - 37.0	
N060	Z - 42.0	
N070	X50.0	
N080	M17	子程序结束

将件2旋入件1配合加工件2外圆程序　SK0034. MPF		
程序段号	加工程序	注释
N010	G90　G94	绝对坐标编程，每分钟进给
N020	M3　S1400　F100.0	精加工，转速调整为1400r/min
N030	T1　D1	换1号外圆车刀
N040	G00　X51.0　Z1.0	快速定位
N050	X49.0	粗加工
N060	G01　Z - 43.0　F120.0	
N070	X51.0	
N080	Z2.0	
N090	G00　X42.0	精加工轮廓
N100	G01　Z0	
N110	G03　X48.0　Z - 3.0　CR = 3.0	
N120	G01　Z - 43.0	
N130	X50.0	
N140	G00　X150.0	退刀至换刀点
N150	Z150.0	退刀至换刀点
N160	M30	程序结束

【实训测评】

1. 编写如图3-9所示零件的加工程序（华中、广数、西门子系统），并进行机床加工。毛坯尺寸分别为 ϕ60mm×80mm，ϕ60mm×45mm，材料均为45钢。

2. 编写如图3-10、图3-11所示零件的加工程序（华中、广数、西门子系统），并进行机床加工。毛坯尺寸为 ϕ50mm×115mm，材料为45钢。

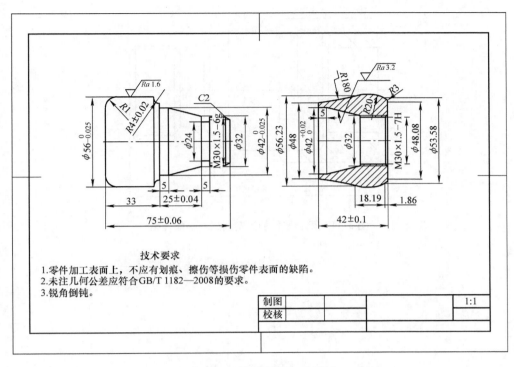

技术要求

1. 零件加工表面上，不应有划痕、擦伤等损伤零件表面的缺陷。
2. 未注几何公差应符合GB/T 1182—2008的要求。
3. 锐角倒钝。

制图			1:1
校核			

图3-9 配合零件加工实训一

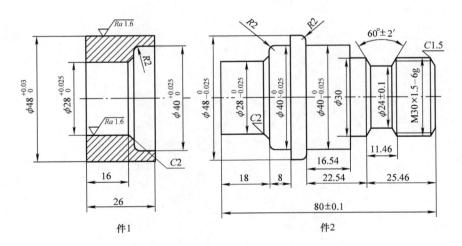

件1

件2

技术要求：

1. 不准用纱布等修饰表面
2. 未注尺寸公差按GB/T 1804—M加工
3. 未注倒角R0.5
4. 配合面≥60%。

图3-10 配合零件加工实训二——零件图

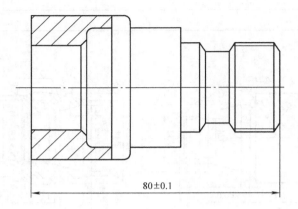

80±0.1

图 3-11　配合零件加工实训二——配合图

单元四

数控车削考级与提升

模拟一　　中级应知考核模拟试题 I

一、单项选择题（第 1~80 题）选择一个正确的答案，将相应的字母填入题内的括号中。每题 1 分，满分 80 分。

1. 职业道德不体现（　　　）。

A. 从业者对所从事职业的态度　　　　　　B. 从业者的工资收入

C. 从业者的价值观　　　　　　　　　　　D. 从业者的道德观

2. 职业道德与人的事业的关系是（　　　）。

A. 有职业道德的人一定能够获得事业成功

B. 没有职业道德的人不会获得成功

C. 事业成功的人往往具有较高的职业道德

D. 缺乏职业道德的人往往更容易获得成功

3. 企业标准是由（　　　）制定的标准。

A. 国家　　　　　　B. 企业　　　　　　C. 行业　　　　　　D. 地方

4. 员工在着装方面，正确的做法是（　　　）。

A. 服装颜色鲜艳　　　　　　　　　　　　B. 服装款式端庄大方

C. 皮鞋不光洁　　　　　　　　　　　　　D. 香水味浓烈

5. 金属在交变应力循环作用下抵抗断裂的能力是钢的（　　　）。

A. 强度和塑性　　　　B. 韧性　　　　　　C. 硬度　　　　　　D. 疲劳强度

6. 牌号为 45 钢属于（　　　）。

A. 普通碳素结构钢　　　　　　　　　　　B. 优质碳素结构钢

C. 碳素工具钢　　　　　　　　　　　　　D. 铸造碳钢

7. 碳素工具钢工艺性能的特点有（　　　）。

A. 不可冷、热加工成形，加工性能好　　　B. 刃口一般磨得不是很锋利

C. 易淬裂　　　　　　　　　　　　　　　D. 耐热性很好

8. 珠光体灰铸铁的组织是（　　　）。

A. 铁素体 + 片状石墨　　　　　　　　　　B. 铁素体 + 球状石墨

C. 铁素体＋珠光体＋片状石墨　　　　　　　　D. 珠光体＋片状石墨

9. 数控机床按伺服系统可分为（　　　）。

A. 开环、闭环、半闭环　　　　　　　　　　　B. 点位、点位直线、轮廓控制

C. 普通数控机床、加工中心　　　　　　　　　D. 二轴、三轴、多轴

10. 一般数控系统由（　　）组成。

A. 输入装置、顺序处理装置　　　　　　　　　B. 数控装置、伺服系统、反馈系统

C. 控制面板和显示　　　　　　　　　　　　　D. 数控柜、驱动柜

11. 用于润滑的（　　　）耐热性高，但不耐水，用于高温负荷处。

A. 钠基润滑脂　　　　　　　　　　　　　　　B. 钙基润滑脂

C. 锂基润滑脂　　　　　　　　　　　　　　　D. 铝基及复合铝基润滑脂

12. 计算机应用最早领域是（　　　）。

A. 辅助设计　　　　　B. 实时控制　　　　　C. 信息处理　　　　　D. 数值计算

13. 中碳结构钢制作的零件通常在（　　　）进行高温回火，以获得适宜的强度与韧性的良好配合。

A. 200～300℃　　　　B. 300～400℃　　　　C. 500～600℃　　　　D. 150～250℃

14. 从材料上刀具可分为高速钢刀具、硬质合金刀具、（　　　）刀具、立方氮化硼刀具及金刚石刀具等。

A. 手工　　　　　　　B. 机用　　　　　　　C. 陶瓷　　　　　　　D. 铣工

15. 数控车床切削的主运动是（　　　）。

A. 刀具纵向运动　　　　　　　　　　　　　　B. 刀具横向运动

C. 刀具纵向、横向的复合运动　　　　　　　　D. 主轴旋转运动

16. 对刀具寿命要求最高的是（　　　）。

A. 简单刀具　　　　　　　　　　　　　　　　B. 可转位刀具

C. 精加工刀具　　　　　　　　　　　　　　　D. 自动化加工所用的刀具

17. 在钢中加入较多的钨、钼、铬、钒等合金元素形成（　　　）材料，用于制造形状复杂的切削刀具。

A. 硬质合金　　　　　B. 高速钢　　　　　　C. 合金工具钢　　　　D. 碳素工具钢

18. 粗加工应选用（　　　）。

A. 3%～5%乳化液　　　　　　　　　　　　　B. 10%～15%乳化液

C. 切削液　　　　　　　　　　　　　　　　　D. 煤油

19. 砂轮的硬度是指（　　　）。

A. 砂轮的磨料、结合剂以及气孔之间的比例

B. 砂轮颗粒的硬度

C. 砂轮粘结剂的粘结牢固程度

D. 砂轮颗粒的尺寸

20. 一般情况下采用远起锯较好，因为远起锯锯齿是（　　　）切入材料，锯齿不易卡住。

A. 较快　　　　　　　B. 缓慢　　　　　　　C. 全部　　　　　　　D. 逐步

21. 下列因素中导致自激振动的是（　　　）。

A. 转动着的工件不平衡　　　　　　　　　B. 机床传动机构存在问题

C. 切削层沿其厚度方向的硬化不均匀　　　D. 加工方法引起的振动

22. 不属于岗位质量要求的内容是（　　　）。

A. 操作规程　　　　　　　　　　　　　　B. 工艺规程

C. 工序的质量指标　　　　　　　　　　　D. 日常行为准则

23. 左视图能反映物体（　　　）的相对位置关系。

A. 上下和左右　　　　B. 前后和左右　　　　C. 前后和上下　　　　D. 左右和上下

24. 剖视图可分为全剖、局部剖和（　　　）。

A. 旋转　　　　　　　B. 阶梯　　　　　　　C. 斜剖　　　　　　　D. 半剖

25. 在零件毛坯加工余量不均匀的情况下进行加工，会引起（　　　）大小的变化，因而产生误差。

A. 切削力　　　　　　B. 开力　　　　　　　C. 夹紧力　　　　　　D. 重力

26. 刀具路径的确定首先必须保证（　　　）和零件表面质量。

A. 零件的尺寸精度　　　　　　　　　　　B. 数值计算简单

C. 刀具路径尽量短　　　　　　　　　　　D. 操作方便

27. 数控车床液压卡盘夹紧力的大小靠（　　　）调整。

A. 变量泵　　　　　　B. 溢流阀　　　　　　C. 换向阀　　　　　　D. 减压阀

28. 手动使用夹具装夹造成工件尺寸一致性差的主要原因是（　　　）。

A. 夹具制造误差　　　　　　　　　　　　B. 夹紧力一致性差

C. 热变形　　　　　　　　　　　　　　　D. 工件余量不同

29. 选择定位基准时，应尽量与工件的（　　　）一致。

A. 工艺基准　　　　　　B. 度量基准　　　　　C. 起始基准　　　　　D. 设计基准

30. 在下列内容中，不属于工艺基准的是（　　　）。

A. 定位基准　　　　　　B. 测量基准　　　　　C. 装配基准　　　　　D. 设计基准

31. V 形块用于工件外圆定位，其中短 V 形块限制（　　　）个自由度。

A. 6　　　　　　　　　B. 2　　　　　　　　　C. 3　　　　　　　　　D. 8

32. 机夹可转位车刀，刀片转位更换迅速、夹紧可靠、排屑方便、定位精确，综合考虑，采用（　　　）形式的夹紧机构较为合理。

A. 螺钉上压式　　　　　B. 杠杆式　　　　　　C. 偏心销式　　　　　D. 楔销式

33. 在同一程序段中，有关指令的使用方法，下列说法错误是（　　　）。

A. 同组 G 指令，全部有效　　　　　　　　B. 同组 G 指令，只有一个有效

C. 非同组 G 指令，全部有效　　　　　　　D. 两个以上 M 指令，只有一个有效

34. G01 属模态指令，在遇到下列（　　　）指令在程序中出现后，仍为有效。

A. G00　　　　　　　　B. G02　　　　　　　C. G03　　　　　　　D. G04

35. G96 是启动（　　　）控制的指令。

A. 变速度　　　　　　　B. 匀速度　　　　　　C. 恒线速度　　　　　D. 角速度

36. 下列（　　　）指令表示撤消刀具偏置补偿。

A. T02D0　　　　　　　B. T0211　　　　　　C. T0200　　　　　　D. T0002

37. 当零件图尺寸为链联接（相对尺寸）标注时适宜用（　　　）编程。

A. 绝对值编程　　　　　　　　　　　　　　B. 增量值编程

C. 两者混合　　　　　　　　　　　　　　　D. 先绝对值后增值编程

38. 快速定位 G00 指令在定位过程中，刀具所经过的路径是（　　　）。

A. 直线　　　　　　　B. 曲线　　　　　　　C. 圆弧　　　　　　　D. 连续多线段

39. G04 指令常用于（　　　）。

A. 进给保持　　　　　　　　　　　　　　　B. 暂停排屑

C. 选择停止　　　　　　　　　　　　　　　D. 短时无进给光整

40. 在程序中指定 G41 或 G42 功能建立刀补时需与（　　　）插补指令同时指定。

A. G00 或 G01　　　B. G02 或 G03　　　C. G01 或 G03　　　D. G01 或 G02

41. 在广数系统中，G90　X50.0　Z-60.0　R-2.0　F0.1 完成的是（　　　）的加工。

A. 圆柱面　　　　　　B. 圆锥面　　　　　　C. 圆弧面　　　　　　D. 螺纹

42. 在广数系统中，G70 指令的程序格式（　　　）。

A. G70　X __　Z __　　　　　　　　　　　B. G70　U __　R __

C. G70　P __　Q __ U __ W __　　　　　　D. G70　P __ Q __

43. 使程序在运行过程中暂停的指令（　　　）。

A. M00　　　　　　　B. G18　　　　　　　C. G19　　　　　　　D. G20

44. 数控系统计算刀具运动轨迹的过程称为（　　　）。

A. 拟合　　　　　　　B. 逼近　　　　　　　C. 插值　　　　　　　D. 插补

45. 欲加工第一象限的斜线（起始点在坐标原点），用逐点比较法直线插补，若偏差函数大于零，说明加工点在（　　　）。

A. 坐标原点　　　　　B. 斜线上方　　　　　C. 斜线下方　　　　　D. 斜线上

46. 数控机床上有一个机械原点，该点到机床坐标零点在进给坐标轴方向上的距离可以在机床出厂时设定，该点称为（　　　）。

A. 工件零点　　　　　B. 机床零点　　　　　C. 机床参考点　　　　D. 限位点

47. 由直线和圆弧组成的平面轮廓，编程时数值计算的主要任务是求各（　　　）坐标。

A. 节点　　　　　　　B. 基点　　　　　　　C. 交点　　　　　　　D. 切点

48. 数控车（广数系统）的 G74 X-10.0 Z-120.0 P5 Q10 F0.3 程序段中，错误的参数地址字是（　　　）。

A. X　　　　　　　　B. Z　　　　　　　　C. P　　　　　　　　D. Q

49. 用 G50 设置工件坐标系的方法是（　　　）。

A. G50　X200.0　Z200.0　　　　　　　　B. G50　G00　X200.0　Z200.0

C. G50　G01　X200.0　Z200.0　　　　　　D. G50　U200.0　W200.0

50. 在绘制直线时，可以使用以下（　　　）快捷输入方式的能力。

A. C　　　　　　　　B. L　　　　　　　　C. PIN　　　　　　　D. E

51. AUTO CAD 用 Line 命令连续绘制封闭图形时，按下（　　　）字母回车而自动封闭。

A. C　　　　　　　　B. D　　　　　　　　C. E　　　　　　　　D. F

52. 取消键 CAN 的用途是消除输入（　　　）器中的文字或符号。

A. 缓冲　　　　　　　B. 寄存　　　　　　　C. 运算　　　　　　　D. 处理

53. 用 90°外圆车刀从尾座朝卡盘方向走刀车削外圆时，刀具半径补偿存储器中刀尖方位号须输入（　　）值。

　　A. 1　　　　　　　　　B. 2　　　　　　　　　C. 3　　　　　　　　　D. 4

54. 在（　　）操作方式下方可对机床参数进行修改。

　　A. JOG　　　　　　　　B. MDI　　　　　　　　C. EDIT　　　　　　　　D. AUTO

55. 加工齿轮这样的盘类零件在精车时应按照（　　）的加工原则安排加工顺序。

　　A. 先外后内　　　　　　B. 先内后外　　　　　　C. 基准后行　　　　　　D. 先精后粗

56. 加工软爪时，用于装夹工件处的直径须（　　）工件被夹部位尺寸。

　　A. 大于　　　　　　　　　　　　　　　　　　　B. 等于

　　C. 小于　　　　　　　　　　　　　　　　　　　D. 大于、等于、小于均可

57. 当选择的切削速度在（　　）m/min 时，最易产生积屑瘤。

　　A. 0 ~ 15　　　　　　　B. 15 ~ 30　　　　　　C. 50 ~ 80　　　　　　D. 150

58. 数控车床车圆锥面时产生（　　）误差的原因可能是加工圆锥起点或终点 X 坐标计算错误。

　　A. 锥度（角度）　　　　B. 同轴度　　　　　　C. 圆度　　　　　　　　D. 轴向尺寸

59. 螺纹标记 M24 × 1.5 - 5g6g，5g 表示中径公差等级为（　　），基本偏差的位置代号为（　　）。

　　A. g，6 级　　　　　　B. g，5 级　　　　　　C. 6 级，g　　　　　　D. 5 级，g

60. 螺纹 M30 × 1.5 的小径应车至（　　）mm。

　　A. 27　　　　　　　　　B. 28.37　　　　　　　C. 29　　　　　　　　　D. 30

61. 安装螺纹车刀时，刀尖应（　　）工件中心。

　　A. 低于　　　　　　　　　　　　　　　　　　　B. 等于

　　C. 高于　　　　　　　　　　　　　　　　　　　D. 低于、等于、高于都可以

62. 车削 M30 × 2 的双线螺纹时，F 功能字应代入（　　）mm 编程加工。

　　A. 2　　　　　　　　　　B. 4　　　　　　　　　C. 6　　　　　　　　　D. 8

63. 广数系统中程序段 N25（　　）X50　Z - 35.0 I2.5 F2 表示圆锥螺纹加工循环。

　　A. G90　　　　　　　　B. G95　　　　　　　　C. G92　　　　　　　　D. G33

64. 在切断时，背吃刀量 a_p（　　）刀头宽度。

　　A. 大于　　　　　　　　B. 等于　　　　　　　　C. 小于　　　　　　　　D. 小于等于

65. 端面切槽刀受轮廓影响，在刃磨时，两副后面磨成（　　）。

　　A. 平面　　　　　　　　　　　　　　　　　　　B. 斜面

　　C. 凸面　　　　　　　　　　　　　　　　　　　D. 一凹一凸圆弧面

66. 钻孔时钻头的（　　）会造成孔径偏大。

　　A. 横刃太短　　　　　　　　　　　　　　　　　B. 两条主切削刃长度不相等

　　C. 后角太大　　　　　　　　　　　　　　　　　D. 顶角太小

67. 用高速钢铰刀铰削铸铁时，由于铸铁内部组织不均匀引起振动，容易出现（　　）现象。

　　A. 孔径收缩　　　　　　B. 孔径不变　　　　　　C. 孔径扩张　　　　　　D. 锥孔

68. 镗孔精度一般可达（　　）。

　　A. IT5 ~ IT6　　　　　B. IT7 ~ IT8　　　　　C. IT8 ~ IT9　　　　　D. IT9 ~ IT10

69. 用固定顶尖支承工件时，应在中心孔内加（　　）。

A. 水　　　　　　　　B. 切削液　　　　　　C. 煤油　　　　　　D. 工业润滑脂

70. 百分表对零后（即转动表盘，使零刻度线对准长指针），若测量时长指针沿逆时针方向转动20格，指向标有80的刻度线，则测量杆沿轴线相对于测头方向（　　）。

A. 缩进0.2mm　　　　B. 缩进0.8mm　　　　C. 伸出0.2mm　　　D. 伸出0.8mm

71. 深度千分尺的测微螺杆移动量是（　　）。

A. 85mm　　　　　　B. 35mm　　　　　　C. 25mm　　　　　　D. 15mm

72. 万能角度尺在50°~140°范围内，应装（　　）。

A. 角尺　　　　　　　　　　　　　　　　B. 直尺

C. 角尺和直尺　　　　　　　　　　　　　D. 角尺、直尺和夹块

73. 在公差带图中，一般取靠近零线的那个偏差为（　　）。

A. 上偏差　　　　　　B. 下偏差　　　　　　C. 基本偏差　　　　D. 自由偏差

74. φ35H9/f9组成了（　　）配合。

A. 基孔制间隙　　　　B. 基轴制间隙　　　　C. 基孔制过渡　　　D. 基孔制过盈

75. φ35F8与φ20H9两个公差等级中，（　　）的精度高。

A. φ35F8　　　　　　B. φ20H9　　　　　　C. 相同　　　　　　D. 无法确定

76. 基本偏差确定公差带的位置，一般情况下，基本偏差是（　　）。

A. 上极限偏差　　　　B. 下极限偏差

C. 实际偏差

D. 上极限偏差或下极限偏差中靠近零线的那个偏差

77. 在给定一个方向时，平行度的公差带是（　　）。

A. 距离为公差值 t 的两平行直线之间的区域

B. 直径为公差值 t，且平行于基准轴线的圆柱面内的区域

C. 距离为公差值 t，且平行于基准平面（或直线）的两平行平面之间的区域

D. 正截面为公差值 $t_1 t_2$，且平行于基准轴线的四棱柱内的区域

78. 主轴在转动时若有一定的径向圆跳动，则工件加工后会产生（　　）误差。

A. 垂直度　　　　　　B. 同轴度　　　　　　C. 斜度　　　　　　D. 粗糙度

79. 机床移动零件必须（　　）检查。

A. 每两年　　　　　　B. 每周　　　　　　C. 每月　　　　　　D. 每三年

80. 数控机床的日常维护与保养一般情况下应由（　　）来进行。

A. 车间领导　　　　　B. 操作人员　　　　　C. 后勤管理人员　　　D. 勤杂人员

二、判断题（第1~20题）**将判断结果填入括号中，正确的填"√"，错误的填"×"。
每题1分，满分20分。**

1. 职业道德体现的是职业对社会所负的道德责任与义务。　　　　　　　　　　（　　）

2. 球墨铸铁件可用等温淬火热处理提高力学性能。　　　　　　　　　　　　（　　）

3. 判断刀具磨损，可借助观察加工表面的粗糙度及切屑的形状、颜色而定。　（　　）

4. 安全管理是综合考虑"物"的生产管理功能和"人"的管理，目的是生产更好的产品。　　　　　　　　　　　　　　　　　　　　　　　　　　　　　　　　　　（　　）

5. 画图比例1:5，是图形比实物放大五倍。　　　　　　　　　　　　　　　（　　）

6. 识读装配图首先要看标题栏和明细栏。　　　　　　　　　　　　　　（　　　）

7. 工件定位时，若夹具上的定位点不足六个，则肯定不会出现重复定位。（　　　）

8. 欠定位不能保证加工质量，往往会产生废品，因此是绝对不允许的。（　　　）

9. 功能字 M 代码主要用来控制机床主轴的开、停，切削液的开关和工件的夹紧与松开等辅助动作。　　　　　　　　　　　　　　　　　　　　　　　　　　（　　　）

10. 使用 Windows98 中文操作系统，既可以用鼠标进行操作，也可以使用键盘上的快捷键进行操作。　　　　　　　　　　　　　　　　　　　　　　　　　　　（　　　）

11. 删除键 DEL 在编程时用于删除已输入的字，不能删除在 CNC 中存在的程序。

　　　　　　　　　　　　　　　　　　　　　　　　　　　　　　　（　　　）

12. 系统操作面板上单段功能生效时，每按一次循环启动键只执行一个程序段。（　　　）

13. 两顶尖不适合偏心轴的加工。　　　　　　　　　　　　　　　　　　（　　　）

14. 在同一螺旋线上，相邻两牙在中径线上对应两点之间的轴线距离，称为导程。

　　　　　　　　　　　　　　　　　　　　　　　　　　　　　　　（　　　）

15. 切断空心工件时，切断刀刀头长度应大于工件壁厚。　　　　　　　（　　　）

16. FANUC 系统 G75 指令不能用于内沟槽加工。　　　　　　　　　　（　　　）

17. 在华中系统中，G71 可加工带凹陷轮廓的表面。　　　　　　　　　（　　　）

18. 为了使机床达到热平衡状态必须使机床运转 3min。　　　　　　　（　　　）

19. 数控装置内落入了灰尘或金属粉末，则容易造成元器件间绝缘电阻下降，从而导致故障的出现和元件损坏。　　　　　　　　　　　　　　　　　　　　　　（　　　）

20. 框式水平仪可以用比较测量法和绝对测量法来检验工件表面的水平度和垂直度。

　　　　　　　　　　　　　　　　　　　　　　　　　　　　　　　（　　　）

模拟二　　中级应知考核模拟试题 II

一、单项选择题（第 1～80 题）**选择一个正确的答案，将相应的字母填入题内的括号中。每题 1 分，满分 80 分。**

1. 企业文化的整合功能指的是它在（　　　）方面的作用。

A. 批评与处罚　　　　　　B. 凝聚人心　　　　C. 增强竞争意识　　　　D. 自律

2. 遵守法律法规不要求（　　　）。

A. 延长劳动时间　　　　　　　　　　　B. 遵守操作程序

C. 遵守安全操作规程　　　　　　　　　D. 遵守劳动纪律

3. 下列关于创新的论述，正确的是（　　　）。

A. 创新与继承根本对立　　　　　　　　B. 创新就是独立自主

C. 创新是民族进步的灵魂　　　　　　　D. 创新不需要引进国外新技术

4. 在工作中要处理好同事间的关系，正确的做法是（　　　）。

A. 多了解他人的私人生活，才能关心和帮助同事

B. 对于难以相处的同事，尽量予以回避

C. 对于有缺点的同事，要敢于提出批评

D. 对故意诽谤自己的人，要"即以其人之道还治其人之身"

5. 普通碳素钢可用于（　　　）。

A. 弹簧钢　　　　　B. 焊条用钢　　　　　C. 钢筋　　　　　D. 薄板钢

6. 碳素工具钢的牌号由"T + 数字"组成，其中T表示（　　　）。

A. 碳　　　　　B. 钛　　　　　C. 锰　　　　　D. 硫

7. （　　　）其断口呈灰白相间的麻点状，性能不好，极少应用。

A. 白口铸铁　　　　　B. 灰口铸铁　　　　　C. 球墨铸铁　　　　　D. 麻口铸铁

8. 下列材料中（　　　）不属于变形铝合金。

A. 硬铝合金　　　　　B. 超硬铝合金　　　　　C. 铸造铝合金　　　　　D. 锻铝合金

9. 数控机床有以下特点，其中不正确的是（　　　）。

A. 具有充分的柔性　　　　　B. 能加工复杂形状的零件

C. 加工的零件精度高，质量稳定　　　　　D. 操作难度大

10. 液压系统的动力元件是（　　　）。

A. 电动机　　　　　B. 液压泵　　　　　C. 液压缸　　　　　D. 液压阀

11. 三相异步电动机的过载系数一般为（　　　）。

A. 1.1 ~ 1.25　　　　　B. 1.3 ~ 0.8　　　　　C. 1.8 ~ 2.5　　　　　D. 0.5 ~ 2.5

12. 主轴毛坯锻造后需进行（　　　）热处理，以改善切削性能。

A. 正火　　　　　B. 调质　　　　　C. 淬火　　　　　D. 退火

13. 钢的淬火是将钢加热到（　　　）以上某一温度，保温一段时间，使之全部或部分奥氏体化，然后以大于临界冷却速度的冷速快冷到 Ms 以下（或 Ms 附近等温）进行马氏体（或贝氏体）转变的热处理工艺。

A. 临界温度 Ac_3（亚共析钢）或 Ac_1（过共析钢）

B. 临界温度 Ac_1（亚共析钢）或 Ac_3（过共析钢）

C. 临界温度 Ac_2（亚共析钢）或 Ac_2（过共析钢）

D. 亚共析钢和过共析钢都取临界温度 Ac_3

14. 主切削刃在基面上的投影与进给运动方向之间的夹角称为（　　　）。

A. 前角　　　　　B. 后角　　　　　C. 主偏角　　　　　D. 副偏角

15. 使工件与刀具产生相对运动以进行切削的最基本运动，称为（　　　）。

A. 主运动　　　　　B. 进给运动　　　　　C. 辅助运动　　　　　D. 切削运动

16. 加工一般金属材料用的高速钢，常用牌号有W18Cr4V和（　　　）两种。

A. CrWMn　　　　　B. 9SiCr　　　　　C. 12Cr18Ni9　　　　　D. W6Mo5Cr4V2

17. 一般切削（　　　）材料时，容易形成节状切屑。

A. 塑性　　　　　B. 中等硬度　　　　　C. 脆性　　　　　D. 高硬度

18. 不属于主轴回转运动误差影响因素的有（　　　）。

A. 主轴的制造误差　　　　　B. 主轴轴承的制造误差

C. 主轴轴承的间隙　　　　　D. 工件的热变形

19. 普通车床加工中，进给箱中塔轮的作用是（　　　）。

A. 改变传动比　　　　　B. 增大转矩

C. 改变传动方向　　　　　D. 改变旋转速度

20. 卧式车床加工尺寸公差等级可达（　　　），表面粗糙度值 Ra 可达 $1.6\mu m$。

A. IT9 ~ IT8   B. IT8 ~ IT7   C. IT7 ~ IT6   D. IT5 ~ IT4

21. 不符合文明生产基本要求的是（　　　）。

A. 严肃工艺纪律   B. 优化工作环境   C. 遵守劳动纪律   D. 修改工艺规程

22. 三视图中，主视图和左视图应（　　　）。

A. 长对正   B. 高平齐

C. 宽相等   D. 位在左（摆在主视图左边）

23. 基准代号由基准符号、方框、连线和（　　　）组成。

A. 字母   B. 数字   C. 弧线   D. 三角形

24. 用来确定每道工序所加工表面加工后的尺寸、形状、位置的基准为（　　　）。

A. 定位基准   B. 工序基准   C. 装配基准   D. 测量基准

25. 在制订零件的机械加工工艺规程时，对单件生产，大都采用（　　　）。

A. 工序集中法

B. 工序分散法

C. 流水作业法

D. 除工序集中法、工序分散法、流水作业法以外的其他方法

26. 下面说法不正确的是（　　　）。

A. 进给量越大表面粗糙度 Ra 值越大

B. 工件的装夹精度影响加工精度

C. 工件定位前须仔细清理工件和夹具定位部位

D. 通常精加工时的 F 值大于粗加工时的 F 值

27. 夹紧力的作用点应尽量靠近（　　　），防止工件振动变形。

A. 待加工表面   B. 已加工表面   C. 加工表面   D. 定位表面

28. 选择定位基准时，粗基准（　　　）。

A. 只能使用一次   B. 最多使用二次

C. 可使用一至三次   D. 可反复使用

29. 工艺基准包括（　　　）。

A. 设计基准、粗基准、精基准   B. 设计基准、定位基准、精基准

C. 定位基准、测量基准、装配基准   D. 测量基准、粗基准、精基准

30. 在主轴加工中选用支承轴颈作为定位基准磨削锥孔，符合（　　　）原则。

A. 基准统一   B. 基准重合   C. 自为基准   D. 互为基准

31. 修磨麻花钻横刃的目的是（　　　）。

A. 减小横刃处前角   B. 增加横刃强度

C. 增大横刃处前角、后角   D. 缩短横刃，降低钻削力

32. 以大于 500m/min 的切削速度高速车削铁系金属时，采用（　　　）刀具材料的车刀为宜。

A. 普通硬质合金   B. 立方氮化硼   C. 涂层硬质合金   D. 金刚石

33. 程序段号的作用之一是（　　　）。

A. 便于对指令进行校对、检索、修改   B. 解释指令的含义

C. 确定坐标值   D. 确定刀具的补偿量

34. G 代码表中的 00 组的 G 代码属于（　　　）。

A. 非模态指令　　　　B. 模态指令　　　　C. 增量指令　　　　D. 绝对指令

35. 指定恒线速度切削的指令是（　　　）。

A. G94　　　　　　　B. G95　　　　　　　C. G96　　　　　　　D. G97

36. 绝对坐标编程时，移动指令终点的坐标值 X、Z 都是以（　　　）为基准来计算。

A. 工件坐标系原点　　　　　　　　　B. 机床坐标系原点

C. 机床参考点　　　　　　　　　　　D. 程序段起点的坐标值

37. 英制输入的指令是（　　　）。

A. G91　　　　　　　B. G21　　　　　　　C. G20　　　　　　　D. G93

38. 用圆弧插补（G02、G03）指令绝对编程时，X、Z 是圆弧（　　　）坐标值。

A. 起点　　　　　　　B. 直径　　　　　　　C. 终点　　　　　　　D. 半径

39. 指令 G28　X100.0　Z50.0 其中 X100.0　Z50.0 是指返回路线（　　　）点坐标值。

A. 参考点　　　　　　B. 中间点　　　　　　C. 起始点　　　　　　D. 换刀点

40. 在偏置值设置 G55 栏中的数值是（　　　）。

A. 工件坐标系的原点相对机床坐标系原点的偏移值

B. 刀具的长度偏差值

C. 工件坐标系的原点

D. 工件坐标系相对对刀点的偏移值

41. 在广数车削系统中，G92 是（　　　）指令。

A. 设定工件坐标　　　B. 外圆循环　　　　　C. 螺纹循环　　　　　D. 相对坐标

42. 在 G71　P（ns）Q（nf）U（Δu）W（Δw）S500 程序格式中，（　　　）表示 Z 轴方向上的精加工余量。

A. Δu　　　　　　　　B. Δw　　　　　　　　C. ns　　　　　　　　D. nf

43. 主程序结束，程序返回至开始状态，其指令为（　　　）。

A. M00　　　　　　　B. M02　　　　　　　C. M05　　　　　　　D. M30

44. 插补过程可分为 4 个步骤：偏差判别、坐标（　　　）、偏差计算和终点判别。

A. 进给　　　　　　　B. 判别　　　　　　　C. 设置　　　　　　　D. 变换

45. 工件坐标系的零点一般设在（　　　）。

A. 机床零点　　　　　B. 换刀点　　　　　　C. 工件的端面　　　　D. 卡盘根处

46. 在机床各坐标轴的终端设置有极限开关，由程序设置的极限称为（　　　）。

A. 硬极限　　　　　　B. 软极限　　　　　　C. 安全行程　　　　　D. 极限行程

47. 下列指令中属于固定循环指令的有（　　　）。

A. G04　　　　　　　B. G02　　　　　　　C. G73　　　　　　　D. G28

48. 刀尖半径左补偿方向的规定是（　　　）。

A. 沿刀具运动方向看，工件位于刀具左侧

B. 沿工件运动方向看，工件位于刀具左侧

C. 沿工件运动方向看，刀具位于工件左侧

D. 沿刀具运动方向看，刀具位于工件左侧

49. G98/G99 指令为（　　　）指令。

A. 模态　　　　　　　　　　　　　　B. 非模态

C. 主轴　　　　　　　　　　　　　　D. 指定编程方式的指令

50. AUTO CAD 中设置点样式在（　　　）菜单栏中。

A. 格式　　　　　B. 修改　　　　　C. 绘图　　　　　D. 编程

51. 在数控机床的操作面板上"ZERO"表示（　　　）。

A. 手动进给　　　B. 主轴　　　　　C. 回零点　　　　D. 手轮进给

52. 数控机床在开机后，须进行回零操作，使 X、Z 各坐标轴运动回到（　　　）。

A. 机床参考点　　B. 编程原点　　　C. 工件零点　　　D. 机床原点

53. 当工件加工后尺寸有波动时，可修改（　　　）中的数值至图样要求。

A. 刀具磨损补偿　B. 刀具补正　　　C. 刀尖半径　　　D. 刀尖的位置

54. 轴类零件是回转体零件，其长度和直径比小于（　　　）的称为短轴。

A. 5　　　　　　　B. 10　　　　　　C. 15　　　　　　D. 20

55. 下列措施中（　　　）能提高锥体零件的精度。

A. 将绝对编程改变为增量编程　　　　B. 正确选择车刀类型

C. 控制刀尖中心高误差　　　　　　　D. 减小刀尖圆弧半径对加工的影响

56. 粗加工时，应取（　　　）的后角，精加工时，应取（　　　）后角。

A. 较小，较小　　B. 较大，较小　　C. 较小，较大　　D. 较大，较大

57. 当刀具的副偏角（　　　）时，在车削凹陷轮廓面时会产生过切现象。

A. 大　　　　　　　　　　　　　　　B. 过大

C. 过小　　　　　　　　　　　　　　D. 大、过大、过小均不对

58. 精车时为获得好的表面粗糙度，应首先选择较大的（　　　）。

A. 背吃刀量

B. 进给速度

C. 切削速度

D. 背吃刀量、进给速度、切削速度均不对

59. 在螺纹加工时应考虑升速段和降速段造成的（　　　）误差。

A. 长度　　　　　B. 直径　　　　　C. 牙形角　　　　D. 螺距

60. 车削螺纹时，车刀的径向前角应取（　　　）才能车出正确的牙型角。

A. -15°　　　　　B. -10°　　　　　C. 5°　　　　　　D. 0°

61. 螺纹加工时，主轴必须在（　　　）指令设置下进行。

A. G96　　　　　B. G97　　　　　C. M05　　　　　D. M30

62. 程序段 N0045　G32　U-36.0F4.0 车削双线螺纹，使用平移方法加工第二条螺旋线时，相对第一条螺旋线，起点的 Z 方向应该平移（　　　）。

A. 4mm　　　　　B. -4mm　　　　　C. 2mm　　　　　D. 0

63. 用螺纹千分尺可以测量外螺纹的（　　　）。

A. 大径　　　　　B. 小径　　　　　C. 中径　　　　　D. 螺距

64. G75 指令结束后，切刀停在（　　　）。

A. 终点　　　　　B. 机床原点　　　C. 工件原点　　　D. 起点

65. 钻孔表面能达到的 IT 等级为（　　　）。

A. 1~4   B. 6   C. 11~13   D. 5

66. 扩孔精度一般可达（   ）。

A. IT5~IT6   B. IT7~IT8   C. IT8~IT9   D. IT9~IT10

67. 车孔刀尖如低于工件中心，粗车孔时易把孔径车（   ）。

A. 小   B. 相等   C. 不影响   D. 大

68. （   ）是一种以孔为基准装夹达到相对位置精度的装夹方法。

A. 一夹一顶   B. 两顶尖   C. 平口钳   D. 心轴

69. 在（   ）上装有活动量爪，并装有游标和制动螺钉的测量工具称为游标卡尺。

A. 尺框   B. 尺身   C. 尺头   D. 微动装置

70. 千分尺读数时（   ）。

A. 不能取下   B. 必须取下

C. 最好不取下   D. 取下，再锁紧，然后读数

71. 内径千分尺测量孔径时，应直到在径向找出（   ）为止，得出准确的测量结果。

A. 最小值   B. 平均值   C. 最大值   D. 极限值

72. 用一套46块的量块，组合95.552mm的尺寸，其量块的选择为1.002mm、（   ）mm、1.5mm、2mm、90mm共五块。

A. 1.005   B. 20.5   C. 2.005   D. 1.05

73. 尺寸公差等于上极限偏差减下极限偏差或（   ）。

A. 公称尺寸－下极限偏差   B. 上极限尺寸－下极限尺寸

C. 上极限尺寸－公称尺寸   D. 公称尺寸－下极限尺寸

74. 比较不同尺寸的精度，取决于（   ）。

A. 极限偏差值的大小   B. 公差值的大小

C. 公差等级的大小   D. 公差单位数的大小

75. 对公称尺寸进行标准化是为了（   ）。

A. 简化设计过程

B. 便于设计时的计算

C. 方便尺寸的测量

D. 简化定值刀具、量具、型材和零件尺寸的规格

76. 孔与基准轴配合，组成间隙配合的孔是（   ）。

A. 孔的上、下极限偏差均为正值

B. 孔的上极限偏差为正值，下极限偏差为负值

C. 孔的上极限偏差为零，下极限偏差为负值

D. 孔的上、下极限偏差均为负值

77. 零件的加工精度包括尺寸精度、形状精度和（   ）三方面内容。

A. 相互位置精度   B. 表面粗糙度   C. 重复定位精度   D. 检测精度

78. 提高机械加工表面质量的工艺途径不包括（   ）。

A. 超精密切削加工   B. 采用珩磨、研磨

C. 喷丸、滚压强化   D. 精密铸造

79. （   ）在加工中心的月检中必须检查。

A. 机床移动零件　　　　　　　　　B. 机床电流电压

C. 液压系统的压力　　　　　　　　D. 传动轴滚珠丝杠

80. 有效度是指数控机床在某段时间内维持其性能的概率，它是一个（　　　）的数。

A. >1　　　　　　B. <1　　　　　　C. ≥1　　　　　　D. 无法确定

二、判断题（第 1～20 题）**将判断结果填入括号中。正确的填"√"，错误的填"×"。每题 1 分，满分 20 分。**

1. 市场经济条件下，应该树立多转行多学知识多长本领的择业观念。　　　　　　（　　　）

2. reference point 应译为参考点。　　　　　　（　　　）

3. 操作规则是职业活动具体而详细的次序和动作要求。　　　　　　（　　　）

4. 零件图未注出公差的尺寸，可以认为是没有公差要求的尺寸。　　　　　　（　　　）

5. 局部放大图应尽量配置在被放大部位的附近。　　　　　　（　　　）

6. 主轴转速应根据刀具允许的切削速度和工件（或刀具）直径来确定。　　　　　　（　　　）

7. 工件定位中，限制的自由度数少于 6 个的定位一定不会是过定位。　　　　　　（　　　）

8. 粗车削应选用刀尖半径较小的车刀片。　　　　　　（　　　）

9. 数控车床的刀具补偿功能有刀尖半径补偿与刀具位置补偿。　　　　　　（　　　）

10. 数控系统的 RS–232 主要作用是用于数控程序通过网络传输。　　　　　　（　　　）

11. 程序编制中首件试切的作用是检验零件图设计的正确性。　　　　　　（　　　）

12. 对于连续标注的多台阶轴类零件，在编程时采用增量方式，可简化编程。　　　　　　（　　　）

13. 用 G71 指令加工内圆表面时，其循环起点的 X 坐标值一定要大于待加工表面的直径值。　　　　　　（　　　）

14. 螺纹加工时导入距离一般应大于等于一个螺距。　　　　　　（　　　）

15. 使用反向切断法，卡盘和主轴部分必须装有保险装置。　　　　　　（　　　）

16. 钻中心孔时不宜选择较高的主轴转速。　　　　　　（　　　）

17. 公差是上极限尺寸和下极限尺寸之差的绝对值。　　　　　　（　　　）

18. 数控机床数控部分出现故障死机后，数控人员应关掉电源后再重新开机，然后执行程序即可。　　　　　　（　　　）

19. 数控机床 G01 指令不能运行的原因之一是主轴未旋转。　　　　　　（　　　）

20. 钩头垫铁的头部紧靠在机床底座边缘，同时起到限位的作用。　　　　　　（　　　）

模拟三　　中级应知考核模拟试题Ⅲ

一、单项选择题（第 1～80 题）**选择一个正确的答案，将相应的字母填入题内的括号中。每题 1 分，满分 80 分。**

1. 机床在无切削载荷的情况下，因本身的制造、安装和磨损造成的误差称之为机床（　　　）。

A. 物理误差　　　　B. 动态误差　　　　C. 静态误差　　　　D. 调整误差

2. 工件定位时，用来确定工件在夹具中位置的基准称为（　　　）。

A. 设计基准　　　　B. 定位基准　　　　C. 工序基准　　　　D. 测量基准

3. 嵌套子程序的调用指令是（　　　）（FANUC 系统、华中系统）。

A. G98　　　　　　B. G99　　　　　　C. M98　　　　　　D. M99

4. 下列地址符中不可以作为宏程序调用指令中自变量符号的是（　　　）（广数系统）。

A. I　　　　　　　B. K　　　　　　　C. N　　　　　　　D. H

5. 精加工循环指令G70的格式是（　　　）（广数系统）。

A. G70　X ___　Z ___　F ___　　　　　　B. G70　U ___　R ___

C. G70　U ___　W ___　　　　　　　　　D. G70　P ___　Q ___

6. 滚珠丝杠运动不灵活的原因可能是（　　　）。

A. 滚珠丝杠的预紧力过大　　　　　　B. 滚珠丝杠间隙增大

C. 电动机与丝杠联轴器联接过紧　　　D. 加足润滑油

7. 职业道德的内容包括（　　　）。

A. 从业者的工作计划　　　　　　　　B. 职业道德行为规范

C. 从业者享有的权利　　　　　　　　D. 从业者的工资收入

8. 铰孔的特点之一是不能纠正孔的（　　　）。

A. 表面粗糙度　　　B. 尺寸精度　　　C. 形状精度　　　D. 位置精度

9. 车床主轴端部有轴向窜动时，对车削（　　　）精度影响较大。

A. 外圆表面　　　　B. 螺纹螺距　　　C. 内圆表面　　　D. 圆弧表面

10. 进行孔类零件加工时，钻孔—镗孔—倒角—精镗孔的方法适用于（　　　）。

A. 低精度孔　　　　B. 高精度孔　　　C. 小孔径的不通孔　　D. 大孔径的不通孔

11. 车削表面出现鳞刺的原因是（　　　）。

A. 刀具破损　　　　B. 进给量过大　　　C. 工件材料太软　　　D. 积屑瘤破碎

12. 沿第三轴正方向面对加工平面，按刀具前进方向确定刀具在工件的右边时应用（　　　）补偿指令。

A. G40　　　　　　B. G41　　　　　　C. G42　　　　　　D. G43

13. 枪孔钻的外切削刃与垂直于轴线的平面分别相交（　　　）。

A. 10°　　　　　　B. 20°　　　　　　C. 30°　　　　　　D. 40°

14. 切削液由刀杆与孔壁的空隙进入，将切屑经钻头前端的排屑孔冲入刀杆内部排出的是（　　　）。

A. 喷吸钻　　　　　B. 外排屑枪钻　　　C. 内排屑深孔钻　　　D. 麻花钻

15. 华中数控系统中，G71指令是以其程序段中指定的切削深度，沿平行于（　　　）的方向进行多重粗切削加工的。

A. X轴　　　　　　B. Z轴　　　　　　C. Y轴　　　　　　D. C轴

16. 数控加工工艺特别强调定位加工，所以，在加工时应采用（　　　）的原则。

A. 互为基准　　　　B. 自为基准　　　C. 基准统一　　　D. 无法判断

17. 用空运行功能检查程序，除了可快速检查程序是否能正常执行，还可以检查（　　　）。

A. 运动轨迹是否超程　　　　　　　　B. 刀具路径是否正确

C. 定位程序中的错误　　　　　　　　D. 刀具是否会发生碰撞

18. 封闭环是在装配或加工过程的最后阶段自然形成的（　　　）个环。

A. 三　　　　　　　B. 一　　　　　　　C. 二　　　　　　　D. 多

19. 钻小径孔或长径比较大的深孔时应采取（　　）的方法。

A. 低转速低进给　　B. 高转速低进给　　C. 低转速高进给　　D. 高转速高进给

20. NPT 1/2 的外螺纹，已知大径为 21.223mm，基准距离为 8.128mm。车削螺纹前螺纹端面的直径应该是（　　）mm。

A. 6.096　　　　　B. 7.62　　　　　C. 7.112　　　　　D. 7.874

21. 尺寸标注 ϕ30H7 中 H 表示公差带中的（　　）。

A. 基本偏差　　　B. 下极限偏差　　　C. 上极限偏差　　　D. 公差

22. 封闭环的下极限偏差等于各增环的下极限偏差（　　）各减环的上极限偏差之和。

A. 之差加上　　　B. 之和减去　　　C. 加上　　　　　D. 之积加上

23. 机床的（　　）是在重力、夹紧力、切削力、各种振动力和温升综合作用下的精度。

A. 几何精度　　　B. 运动精度　　　C. 传动精度　　　D. 工作精度

24. 对经过高频淬火以后的齿轮齿形进行精加工时，可以安排（　　）工序进行加工。

A. 插齿　　　　　B. 挤齿　　　　　C. 磨齿　　　　　D. 仿形铣

25. 宏程序中大于的运算符为（　　）（FANUC 系统、华中系统）。

A. LE　　　　　B. EQ　　　　　C. GE　　　　　D. GT

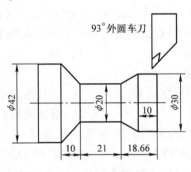

图 4-1　第 26 题图

26. 对于图 4-1 中所示的零件轮廓和刀具，精加工外形轮廓应选用刀尖夹角（　　）的菱形刀片。

A. 35°　　　　　B. 55°　　　　　C. 80°　　　　　D. 90°

27. 工序尺寸公差一般按该工序加工的（　　）来选定。

A. 经济加工精度　　B. 最高加工精度　　C. 最低加工精度　　D. 平均加工精度

28. 三针测量法的量针最佳直径应是使量针的（　　）与螺纹中径处牙侧面相切。

A. 直径　　　　　B. 横截面　　　　C. 斜截面　　　　D. 四等分点

29. 采用（　　）可在较大夹紧力时减小薄壁零件的变形。

A. 开缝套筒　　　B. 辅助支撑　　　C. 卡盘　　　　　D. 软卡爪

30. 机床液油压中混有异物会导致（　　）现象。

A. 油量不足　　　　　　　　　　B. 油压过高或过低

C. 液压泵有噪声　　　　　　　　D. 压力表损坏

31. 尺寸链中封闭环为 $L0$，增环为 $L1$，减环为 $L2$，那么增环的公称尺寸为（　　）。

A. $L1 = L0 + L2$　　　B. $L1 = L0 - L2$　　　C. $L1 = L2 - L0$　　　D. $L1 = L2$

32. 刃磨硬质合金刀具应选用（　　）。

A. 白刚玉砂轮　　　　　　　　　　　　B. 单晶刚玉砂轮

C. 绿碳化硅砂轮　　　　　　　　　　　D. 立方氮化硼砂轮

33. 广数数控车床系统中，G90　X__　Z__　F__是（　　）程序。

A. 圆柱面车削循环　　　　　　　　　　B. 圆锥面车削循环

C. 螺纹车削循环　　　　　　　　　　　D. 端面车削循环

34. 计算机辅助编程中后置处理的作用是（　　）。

A. 生成加工轨迹　　　　　　　　　　　B. 处理刀具半径补偿

C. 检查程序正确性　　　　　　　　　　D. 生成数控加工程序

35. 导致细长杆车削过程中工件卡死的原因是（　　）。

A. 径向切削力过大　　　　　　　　　　B. 工件高速旋转离心力作用

C. 毛坯自重　　　　　　　　　　　　　D. 工件受热

36. 检查数控机床几何精度时，首先应进行（　　）。

A. 坐标精度检测　　　　　　　　　　　B. 连续空运行试验

C. 切削精度检测　　　　　　　　　　　D. 安装水平的检查与调整

37. 在 G72　W(Δd)　R(e)；G72　P(ns)　Q(nf)　U(Δu)　W(Δw)　F(f)　S(s)　T(t)；程序格式中，（　　）表示精加工路径的第一个程序段顺序号（广数系统）。

A. Δw　　　　　　　B. ns　　　　　　　C. Δu　　　　　　　D. nf

38. 减少毛坯误差的办法是（　　）。

A. 粗化毛坯并增大毛坯的形状误差　　　B. 增大毛坯的形状误差

C. 精化毛坯　　　　　　　　　　　　　D. 增加毛坯的余量

39. 用于二维数控加工编程的最简便的建模技术是（　　）。

A. 线框模型　　　　B. 面模型　　　　C. 实体模型　　　　D. 特征模型

40. CAD/CAM 中 IGES 和 STEP 标准用于（　　）的转换。

A. 不同数控系统之间数控程序　　　　　B. 刀具轨迹和数控程序

C. 不同 CAD 软件间 CAD 图形数据　　　D. 不同 CAM 软件的加工轨迹

41. Tr30×6 表示（　　）。

A. 右旋，螺距 12mm 的梯形螺纹　　　　B. 右旋，螺距 6mm 的三角螺纹

C. 左旋，螺距 12mm 的梯形螺纹　　　　D. 左旋，螺距 6mm 的梯形螺纹

42. 影响梯形螺纹配合性质的主要尺寸是螺纹的（　　）尺寸。

A. 大径　　　　　　　B. 中径　　　　　　　C. 小径　　　　　　　D. 牙型角

43. 编制加工槽等宽的变导程螺纹车削程序，要（　　）。

A. 每转过 360°修改螺距

B. 分多次进刀，每次改变轴向起始位置

C. 分多次进刀，每次改变在圆周上的起始位置

D. 分多次进刀，每次同时改变轴向起始位置和圆周上的起始位置

44. 下列指令中（　　）是深孔钻循环指令（广数系统）。

A. G71　　　　　　　B. G72　　　　　　　C. G73　　　　　　　D. G74

45. G80　X50.0　Z－60.0　R－2.0　F0.1；完成的是（　　　）的单次循环加工（华中系统）。

　　A. 圆柱面　　　　　　　B. 圆锥面　　　　　　C. 圆弧面　　　　　　D. 螺纹

46. 国标规定，对于一定的公称尺寸，其标准公差共有（　　　）个等级。

　　A. 10　　　　　　　　　B. 18　　　　　　　　C. 20　　　　　　　　D. 28

47. 机床主轴润滑系统中的空气过滤器必须（　　　）检查。

　　A. 隔年　　　　　　　　B. 每周　　　　　　　C. 每月　　　　　　　D. 每年

48. 局域网内的设备的线缆接头的规格是（　　　）。

　　A. RG－8　　　　　　　B. RG－58　　　　　　C. RG－62　　　　　　D. RJ－45

49. 越靠近传动链末端的传动件的传动误差，对加工精度影响（　　　）。

　　A. 越小　　　　　　　　B. 不确定　　　　　　C. 越大　　　　　　　D. 无影响

50. 车细长轴时，在卡爪和工件之间放入开口钢丝圈，可以（　　　）。

　　A. 增加夹紧力　　　　　　　　　　　　B. 防止工件受热伸长卡死

　　C. 防止工件因夹紧变形　　　　　　　　D. 减少因卡爪磨损引起的定位误差

51. 设置 RS－232C 的参数，串口 1 传输的波特率设置为 2400bit/s，接串口 2 的波特率应设置为（　　　）。

　　A. 1200bit/s　　　　　B. 1800bit/s　　　　C. 2400bit/s　　　　D. 4800bit/s

52. 有关"表面粗糙度"，下列说法不正确的是（　　　）。

　　A. 是指加工表面上所具有的较小间距和峰谷所组成的微观几何形状特性

　　B. 表面粗糙度不会影响到机器的工作可靠性和使用寿命

　　C. 表面粗糙度实质上是一种微观的几何形状误差

　　D. 一般是在零件加工过程中，由于机床－刀具－工件系统的振动等原因引起的

53. G65 代码是 FANUC 数控系统中的调用（　　　）功能。

　　A. 子程序　　　　　　B. 宏程序　　　　　　C. 参数　　　　　　　D. 刀具

54. 加工图 4-2 中凹槽，已知刀宽 2mm；

（程序一）…；

G00　X30.0　Z－10.0；

G01　X20.0；…；

（程序二）…；

G00　X30.0　Z－12.0；

G01　X20.0；

…；

（程序三）…；

G00　X30.0　Z－11.0；

G01　X20.0；

…；

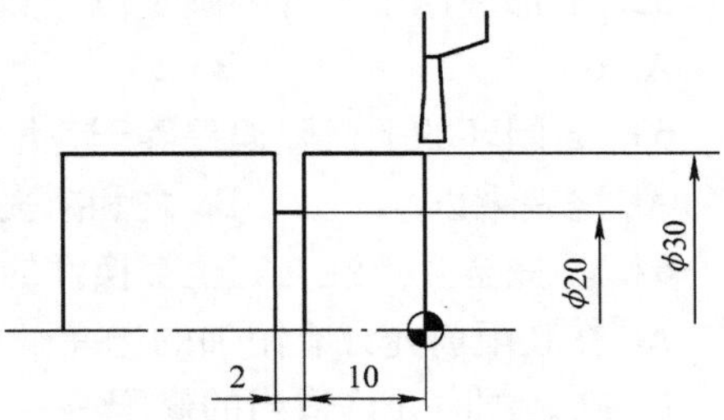

判断以上程序中正确的是（　　　）。

图 4-2　第 54 题图

　　A. 程序三　　　　　　B. 程序二　　　　　　C. 程序一　　　　　　D. 无法判断

55. 封闭环的公差（　　　）各组成环的公差。

A. 大于　　　　　　　B. 大于或等于　　　　　C. 小于　　　　　　　D. 小于或等于

56. 子程序的最后一个程序段为（　　），命令子程序结束并返回到主程序（SIEMENS系统）。

A. M00　　　　　　　B. M01　　　　　　　　C. M02　　　　　　　D. M03

57. 测量 M30 的螺纹的中径，应该选用图 4-3 中（　　）螺纹千分尺。

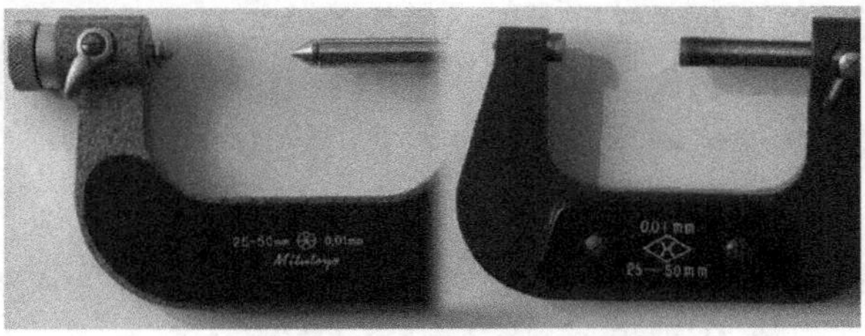

图 4-3　螺纹千分尺

A. 左边的　　　　　　　　　　　　　　　B. 右边的

C. 两把中任意一把　　　　　　　　　　　D. 两把都不可以

58. 采用斜向进刀法车削螺纹，每刀进给深度 0.23mm，编程时每次执行螺纹指令前 Z 轴位置应该（　　）。

A. 在同一位置　　　　　　　　　　　　　B. 在与上次位置平移一个螺距的位置

C. 在与上次位置平移 0.23mm 的位置　　　D. 在与上次位置平移 0.133mm 的位置

59. （　　）重合时，定位尺寸既是工序尺寸。

A. 设计基准与工序基准　　　　　　　　　B. 定位基准与设计基准

C. 定位基准与工序基准　　　　　　　　　D. 测量基准与设计基准

60. 测量工件表面粗糙度值时选择（　　）。

A. 游标卡尺　　　　　　B. 量块　　　　　　　C. 塞尺　　　　　　　D. 干涉显微镜

61. （　　）是力学性能最好的铸铁。

A. 球墨铸铁　　　　　　B. 灰铸铁　　　　　　C. 可锻铸铁　　　　　D. 白口铸铁

62. V 形块用于工件外圆定位，其中短 V 形块限制（　　）个自由度。

A. 6　　　　　　　　　　B. 2　　　　　　　　　C. 3　　　　　　　　　D. 8

63. 封闭环的上极限偏差等于各增环的上极限偏差（　　）各减环的下极限偏差之和。

A. 之差乘以　　　　　　B. 之和减去　　　　　C. 之和除以　　　　　D. 之差除以

64. 不完全互换性与完全互换性的主要区别在于不完全互换性（　　）。

A. 在装配前允许有附加的选择　　　　　　B. 在装配时不允许有附加的调整

C. 在装配时允许适当的修配　　　　　　　D. 装配精度比完全互换性低

65. 枪孔钻的排屑性能相比麻花钻（　　）。

A. 好　　　　　　　　　　　　　　　　　B. 差

C. 相同　　　　　　　　　　　　　　　　D. 不适宜于深孔加工

66. 椭圆参数方程式为（　　）（FANUC 系统、华中系统）。

A. $X = a * \sin\theta$；$Y = b * \cos\theta$　　　　　　B. $X = b * \cos(\theta/b)$；$Y = a * \sin\theta$

C. $X = a * \cos\theta$；$Y = b * \sin\theta$　　　　　　D. $X = b * \sin\theta$；$Y = a * \cos(\theta/a)$

67. 在变量使用中，（　　）的格式是对的（FANUC 系统、华中系统）。

A. O#1　　　　　　　　B. /#2G00X100.0　　　C. N#3X200.0　　　　　D. #5＝#1－#3

68. 深孔加工时常用的刀具是（　　）。

A. 扁钻　　　　　　　　B. 麻花钻　　　　　　　C. 中心钻　　　　　　　D. 枪孔钻

69. 在等精度精密测量中多次重复测量同一量值是为了减小（　　）。

A. 系统误差　　　　　　B. 随机误差　　　　　　C. 粗大误差　　　　　　D. 绝对误差

70. 百分表的分度值是（　　）。

A. 0.1mm　　　　　　　B. 0.01mm　　　　　　　C. 0.001mm　　　　　　D. 0.0001mm

71. 闭式传动且零件运动线速度不低于（　　）的场合可采用润滑油润滑。

A. 1m/s　　　　　　　　B. 2m/s　　　　　　　　C. 2.5m/s　　　　　　　D. 3m/s

72. 数控车床刀具自动换刀的位置必须按照（　　）计算防止碰撞的安全距离。

A. 当前刀具长度　　　　　　　　　　　　　　　B. 被选中刀具长度

C. 刀架上最长刀具长度　　　　　　　　　　　　D. 刀架上最短刀具长度

73. 测量法向齿厚时，应使尺杆与蜗杆轴线间的夹角等于蜗杆的（　　）角。

A. 牙形　　　　　　　　B. 螺距　　　　　　　　C. 压力　　　　　　　　D. 导程

74. （　　）在所有的数控车床上都能使用。

A. 用 C 轴作圆周分线

B. 在 G 功能中加入圆周分线参数

C. 轴向分线

D. 不存在一种可使用于所有数控车床的分线方法

75. 使用千分尺时，采用（　　）方法可以减少温度对测量结果的影响。

A. 多点测量，取平均值　　　　　　　　　　　　B. 多人测量，取平均值

C. 采用精度更高的测量仪器　　　　　　　　　　D. 等温

76. 数控加工仿真中（　　）属于物理性能仿真。

A. 加工精度检查　　　　B. 加工程序验证　　　　C. 刀具磨损分析　　　　D. 优化加工过程

77. 自定心卡盘装夹、车削偏心工件适宜于（　　）的生产要求。

A. 单件或小批量　　　　B. 精度要求高　　　　　C. 长度较短　　　　　　D. 偏心距较小

78. （　　）不符合机床维护操作规程。

A. 有交接班记录　　　　　　　　　　　　　　　B. 备份相关设备技术参数

C. 机床 24 小时运转　　　　　　　　　　　　　D. 操作人员培训上岗

79. 精加工细长轴外圆表面时，较理想的切屑形状是（　　）。

A. "C" 形屑　　　　　　B. 带状屑　　　　　　　C. 紧螺卷屑　　　　　　D. 崩碎屑

80. 加工时采用了近似的加工运动或近似刀具的轮廓产生的误差称为（　　）。

A. 加工原理误差　　　　B. 车床几何误差　　　　C. 刀具误差　　　　　　D. 调整误差

二、判断题（第 1～20 题）**将判断结果填入括号中。正确的填"√"，错误的填"×"。
每题 1 分，满分 20 分。**

1. 一般情况下多以抗压强度作为判断金属强度高低的指标。　　　　　　　　　　　（　　）

2. 假设#1＝1.2，当执行小数点以下取整运算指令#3＝FUP［#1］时，是将值 2.0 赋给
变量#3（FANUC 系统）。　　　　　　　　　　　　　　　　　　　　　　　　　（　　）

3. 高速切削刀具材料一般都采用涂层技术。　　　　　　　　　　　　　　　　　　（　　）

4. 钢件的硬度高，难以进行切削；钢件的硬度越低，越容易切削加工。　　　　　　（　　）

5. 小锥度心轴的锥度越小定心精度越高。 （　　）

6. 表达式"#1 = #2 + #3 * SIN［#4］" 的运算次序依次为 SIN［#4］，#3 * SIN［#4］，#2 + #3 * SIN［#4］（FANUC 系统、华中系统）。 （　　）

7. 当终止脉冲信号输入时，步进电动机将立即无惯性地停止运动。 （　　）

8. 开拓创新是企业生存和发展之本。 （　　）

9. 测绘装配体时，标准件不必绘制。 （　　）

10. 零件只要能够加工出来，并能够满足零件的使用要求，就说明零件的结构工艺性良好。 （　　）

11. 普通车床的小溜板和导轨成一定夹角后，转动溜板箱的进给手轮可以完成车锥体。 （　　）

12. 装配图中相邻两个零件的间隙非常小的非接触面可以用一条线表示。 （　　）

13. 金属切削加工时，提高切削速度可以有效降低切削温度。 （　　）

14. 当液压系统的油温升高时，油液粘度增大；油温降低时，油液粘度减小。 （　　）

15. 加工脆性材料不会产生积屑瘤。 （　　）

16. 夹紧力的作用点应远离工件加工表面，这样才便于加工。 （　　）

17. 遵守法纪，廉洁奉公是每个从业者应具备的道德品质。 （　　）

18. 在数控加工中 "fixture" 可翻译为夹具。 （　　）

19. 培养良好的职业道德修养必须通过强制手段执行。 （　　）

20. 可转位车刀的主偏角取决于刀片角度。 （　　）

模拟四　　中级技能考核模拟试题 I

车削加工如图 4-4 所示的轴类零件。

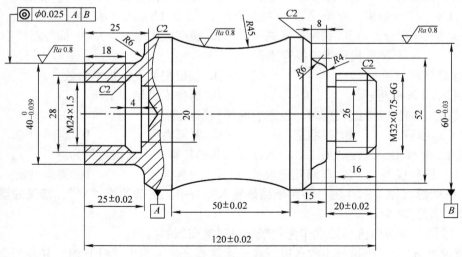

图 4-4　模拟四零件

一、考核目标与注意事项

1. 考核目标

1）掌握华中、广数、西门子系统车削螺纹加工指令的格式及用法。

2）掌握内、外螺纹编程的尺寸计算。

2. 注意事项

注意区分华中、广数、西门子三种系统螺纹加工指令 G82、G92、CYCLE97 每项参数的含义。

二、工、量、刀具清单

工、量、刀具清单见表 4-1。

表 4-1　工、量、刀具清单

名　　称	规　　格	数　量	备　注
游标卡尺	0～150mm　0.02mm	1	
千分尺	0～25mm，25～50mm，50～75mm　0.01mm	各1	
万能量角器	0°～320°　2′	1	
螺纹塞规	M30×1.5－6H	1	
百分表	0～10mm　0.01mm	1	
磁性表座		1	
R规	R7～R14.5mm，R15～R25mm	1	
内径量表	18～35mm　0.01mm	1	
塞尺	0.02～1mm	1副	
外圆车刀	93°、45°	各1	
不重磨外圆车刀	R型、V型、T型、S型刀片	各1	选用
内、外螺纹车刀	三角形螺纹	各1	
车槽刀	刀宽4mm	各1	
内孔车刀	ϕ20mm 不通孔、ϕ20mm 通孔	各1	
麻花钻	中心钻、ϕ10mm、ϕ20mm、ϕ24mm	各1	
辅具	莫氏钻套、钻夹头、回转顶尖	各1	
其他	铜棒、铜皮、毛刷等常用工具		选用
	计算机、计算器、编程用书等		

三、工艺分析与加工方案

1. 分析零件工艺性能

由图 4-4 可以看出，该零件外形结构并不复杂，零件的尺寸精度要求较高，该零件的总体结构主要包括圆弧面和圆柱面以及内外三角螺纹。加工轮廓由直线和曲线构成，外圆加工尺寸有公差要求。外圆表面粗糙度值 $Ra=1.6\mu m$，台阶面 $Ra=3.2\mu m$，端面 $Ra=6.3\mu m$。尺寸标注完整，轮廓描述清楚。

毛坯为 $\phi 65mm \times 125mm$ 的圆钢，材料为 45 钢，切削性能较好。加工轮廓由直线和曲线组成，用 2 轴联动数控车床可以成形。

2. 确定加工方案

根据零件形状及加工精度要求，分外圆粗精车、孔粗精车、外螺纹加工和内螺纹加工来完成。该零件的数控加工工艺流程见表4-2。

表4-2　数控加工工艺流程

工步号	工步内容	刀具号	切削用量		
			主轴转速 $n/$（r/min）	进给速度 $v_f/$（mm/min）	背吃刀量 $a_p/$（mm）
1	端面加工，保证总长 120mm		500	40	
2	粗车左侧外圆	T0101	600	100	2
3	精车左侧外圆	T0101	1000	80	
4	粗镗孔	T0303	600	50	2
5	精镗孔	T0303	1000	40	
6	车内螺纹	T0404	300		
7	粗车右侧外圆	T0101	600	100	2
8	精车右侧外圆	T0101	1000	80	
9	车退刀槽	T0202	500	30	
10	车外螺纹	T0505	400		

四、程序（略）

模拟五　中级技能考核模拟试题 Ⅱ

零件如图 4-5 所示，毛坯为 $\phi 60mm \times 80mm$ 和 $\phi 60mm \times 45mm$ 的 45 钢，要求分析其加工工艺并编写其数控车削加工程序。

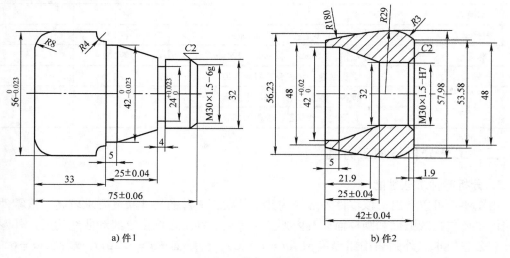

a）件1　　　　　　　　　b）件2

图 4-5　模拟五零件

一、考核目标与注意事项

1. 考核目标

1）螺纹与圆锥配合件加工方法。

2）刀补在锥面加工中的应用。

2. 注意事项

刀尖圆弧半径补偿对圆柱和端面尺寸没有影响，而对圆锥和圆弧表面尺寸有较大影响。在本例加工中，由于涉及圆锥面的配合加工，所以在加工圆锥面时必须采用刀具半径补偿功能。

二、工、量、刀具清单

工、量、刀具清单见表4-3。

表4-3　工、量、刀具清单

名　称	规　格	数　量	备　注
游标卡尺	0～150mm　0.02mm	1	
千分尺	0～25mm，25～50mm，50～75mm　0.01mm	各1	
万能量角器	0°～320°　2′	1	
螺纹塞规	M30×1.5－6H	1	
百分表	0～10mm　0.01mm	1	
磁性表座		1	
R规	R7～R14.5mm，R15～R25mm	1	
内径量表	18～35mm　0.01mm	1	
塞尺	0.02～1mm	1副	
外圆车刀	93°，45°	各1	
不重磨外圆车刀	R型、V型、T型、S型刀片	各1	选用
内、外螺纹车刀	三角形螺纹	各1	
内、外切槽刀	刀宽4mm	各1	
内孔车刀	φ20mm不通孔，φ20mm通孔	各1	
麻花钻	中心钻，φ10mm、φ20mm、φ24mm	各1	
辅具	莫氏钻套、钻夹头、回转顶尖	各1	
其他	铜棒、铜皮、毛刷等常用工具		选用
	计算机、计算器、编程用书等		

三、工艺分析与加工方案

1. 分析零件工艺性能

由图4-5可以看出，该零件外形结构并不复杂，零件的尺寸精度要求较高，该零件的总体结构主要包括圆弧面和圆锥面以及内外三角螺纹。加工轮廓由直线和曲线构成，外圆加工尺寸有公差要求。尺寸标注完整，轮廓描述清楚。

加工轮廓由直线和曲线组成，用2轴联动数控车床可以成形。

2. 确定加工方案

本例工件的加工方案如下：

1）加件1的左端外圆。

2）加件1的右端外圆只加工到直径24mm，然后切槽，加工外螺纹。

3）加件2的左端孔，掉头加工右端孔，然后加工内螺纹。

4）把件1和件2配合起来后，加工件2的外圆和件1的R4mm圆弧。

该零件的数控加工方案及刀具见表4-4。

表4-4　数控加工及刀具

刀具号	刀具名称	背吃刀量 a_p/mm	转速 n/（r/min）	进给速度 v_f/（mm/min）
T0101	外圆车刀（粗）	2	800	200
	外圆车刀（精）	0.5	1200	100
T0202	外切槽刀		500	50
T0303	外螺纹刀		500	
T0404	孔车刀（粗）	1.5	800	200
	孔车刀（精）	0.5	1200	100
T0505	内螺纹刀		500	

四、程序（略）

模拟六　中级技能考核模拟试题 III

加工如图4-6所示零件，要求分析加工工艺，合理安排加工路线，完成零件加工。

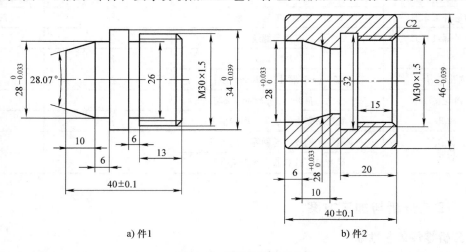

a) 件1　　　　　　　　　　b) 件2

图4-6　模拟六零件

一、考核目标与注意事项

1. 考核目标

1）内外螺纹的加工及螺纹配合。

2）内外圆锥面的配合。

2. 注意事项

加工内、外螺纹时，不同的系统有不同的螺纹加工固定循环程序，而不同程序的螺纹车削方式也各不相同，在加工过程中一定要注意合理选择。加工内、外螺纹时，还应特别注意每次吃刀深度的合理选择。如果选择不当，则容易产生"崩刃"和"扎刀"等事故。

二、工、量、刀具清单

工、量、刀具清单见表4-5。

表4-5　工、量、刀具清单

名　称	规　格	数　量	备　注
游标卡尺	0～150mm　0.02mm	1	
千分尺	0～25mm，25～50mm，50～75mm　0.01mm	各1	
万能量角器	0°～320°　2′	1	
螺纹塞规	M30×1.5－6H	1	
百分表	0～10mm　0.01mm	1	
磁性表座		1	
R规	R7～R14.5mm，R15～R25mm	1	
内径量表	18～35mm　0.01mm	1	
塞尺	0.02～1mm	1副	
外圆车刀	93°，45°	各1	
不重磨外圆车刀	R型、V型、T型、S型刀片	各1	选用
内、外螺纹车刀	三角形螺纹	各1	
内、外切槽刀	刀宽4mm	各1	
内孔车刀	φ20mm不通孔、φ20mm通孔	各1	
麻花钻	中心钻，φ10mm、φ20mm、φ24mm	各1	
辅具	莫氏钻套、钻夹头、回转顶尖	各1	
其他	铜棒、铜皮、毛刷等常用工具		选用
	计算机、计算器、编程用书等		

三、工艺分析与加工方案

1. 分析零件工艺性能

该零件主要包括圆柱面、倒角、圆弧面、沟槽和螺纹，孔、内螺纹以及零件的配合，为典型的中级工水平。零件材料为铝，件1的毛坯规格为 ϕ40mm×45mm，件2的毛坯规格为 ϕ50mm×45mm。

2. 确定加工方案

加工件1步骤：

1）测量件1毛坯；

2）装夹工件1，留长25mm，车端面；

3）先加工件1锥度和台阶直径 ϕ28mm 和 ϕ34mm 至 22mm；

4）工件掉头装夹，夹持直径 ϕ28mm 处；

5）车端面，并保证总长40mm；

6）加工件1右端外型。

加工件2步骤：

1）测量件2毛坯；

2）装夹工件，留长25mm，车端面；

3）钻孔（通孔 . ϕ20 麻花钻）；

4）车孔 ϕ28.4mm，车至20mm处，加工内槽、车 M30×1.5 螺纹；

5）工件掉头装夹、车端面，并保证总长40mm；

6）车内孔锥度和台阶直径 ϕ28mm 和 ϕ23mm 至 21mm 处；

7）工件螺纹配合，夹轴 ϕ28mm 处，加工外圆 ϕ46mm。

该零件的数控加工方案及刀具表4-6。

表4-6　数控加工方案及刀具

序号	刀具号	刀具名称及规格	刀尖半径/mm	数量	加工表面	备注
1	T0101	93°外圆刀	0.4	1	外轮廓	
2	T0202	切断车刀	B=4	1	车槽切断	
3	T0303	60°外螺纹车刀	0.2	1	外螺纹	
4	T0404	孔车刀	0.4	1	内轮廓	
5	T0505	内槽刀	0.2	1	内槽	
6	T0606	内螺纹刀	0.2	1	内螺纹	

四、程序（略）

模拟七　中级技能考核模拟试题 Ⅳ

加工如图4-7所示零件，要求分析加工工艺，合理安排加工路线，完成零件加工。

一、考核目标与注意事项

1. 考核目标

1）切断工件后长度的保证。

2）切断加工合理的工艺安排。

2. 注意事项

1）R12mm 球头的表面粗糙度的保证。

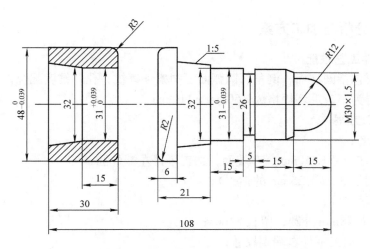

图 4-7 模拟七零件

2）锥度和斜度的不同计算。

二、工、量、刀具清单

工、量、刀具清单见表 4-7。

表 4-7 工、量、刀具清单

名 称	规 格	数 量	备 注
游标卡尺	0～150mm 0.02mm	1	
千分尺	0～25mm, 25～50mm, 50～75mm 0.01mm	各 1	
万能量角器	0°～320° 2′	1	
螺纹塞规	M30×1.5－6H	1	
百分表	0～10mm 0.01mm	1	
磁性表座		1	
R 规	R7～R14.5mm, R15～R25mm	1	
内径量表	18～35mm 0.01mm	1	
塞尺	0.02～1mm	1 副	
外圆车刀	93°, 45°	各 1	
不重磨外圆车刀	R 型、V 型、T 型、S 型刀片	各 1	选用
内、外螺纹车刀	三角形螺纹	各 1	
内、外切槽刀	刀宽 4mm	各 1	
内孔车刀	$\phi20mm$ 不通孔、$\phi20mm$ 通孔	各 1	
麻花钻	中心钻，$\phi10mm$、$\phi20mm$、$\phi24mm$	各 1	
辅具	莫氏钻套、钻夹头、回转顶尖	各 1	
其他	铜棒、铜皮、毛刷等常用工具		选用
	计算机、计算器、编程用书等		

三、工艺分析与加工方案

1. 分析零件工艺性能

该零件主要包括圆柱面、倒角、圆弧面、沟槽和螺纹，孔、锥度配合，为典型的中级工水平。零件材料为铝，毛坯规格为 $\phi50\text{mm} \times 110\text{mm}$。

2. 确定加工方案

1）测量毛坯；

2）装夹毛坯，留长 50mm，车端面，加工零件左端外圆；

3）钻孔，长 33mm（25mm 的钻头）；

4）加工孔至尺寸；

5）掉头装夹 48mm 外圆，留长 82mm；

6）车端面，加工零件右端到尺寸；

7）切断工件，保证右端长度 71mm；

8）保证套件长度 30mm 及 $R3\text{mm}$ 圆角。

该零件的数控加工方案及刀具见表 4-8。

表 4-8　数控加工方案及刀具

序号	刀具号	刀具名称及规格	刀尖半径/mm	数量	加工表面	备注
1	T0101	93°外圆刀	0.4	1	外轮廓	
2	T0202	切断车刀	B = 4	1	车槽切断	
3	T0303	60°外螺纹车刀	0.2	1	外螺纹	
4	T0404	孔车刀	0.4	1	内轮廓	

四、程序（略）

附录　模拟试题参考答案

模拟一　中级应知考核模拟试题Ⅰ参考答案

一、选择题

1	2	3	4	5	6	7	8	9	10
B	C	B	B	D	B	C	D	A	B
11	12	13	14	15	16	17	18	19	20
A	D	C	C	D	D	B	A	C	D
21	22	23	24	25	26	27	28	29	30
C	D	C	D	A	A	D	B	D	D
31	32	33	34	35	36	37	38	39	40
B	B	A	D	C	C	B	D	D	A
41	42	43	44	45	46	47	48	49	50
B	D	A	D	B	C	A	A	A	B
51	52	53	54	55	56	57	58	59	60
A	A	C	B	B	B	B	A	D	B
61	62	63	64	65	66	67	68	69	70
B	B	C	B	D	B	C	B	D	C
71	72	73	74	75	76	77	78	79	80
C	B	C	A	A	D	C	B	B	B

二、判断题

1	2	3	4	5	6	7	8	9	10
√	√	√	×	×	√	×	√	√	√
11	12	13	14	15	16	17	18	19	20
×	√	×	√	√	×	√	×	√	×

模拟二　中级应知考核模拟试题 II 参考答案

一、选择题

1	2	3	4	5	6	7	8	9	10
B	A	C	C	C	A	D	C	D	B
11	12	13	14	15	16	17	18	19	20
C	A	A	C	A	D	B	D	A	B
21	22	23	24	25	26	27	28	29	30
D	B	A	B	A	D	C	A	C	D
31	32	33	34	35	36	37	38	39	40
D	B	A	A	C	A	C	C	B	A
41	42	43	44	45	46	47	48	49	50
C	B	D	A	C	B	C	D	A	A
51	52	53	54	55	56	57	58	59	60
C	A	A	A	C	C	C	C	D	D
61	62	63	64	65	66	67	68	69	70
B	C	C	D	C	D	D	D	B	C
71	72	73	74	75	76	77	78	79	80
A	D	B	C	D	A	A	D	B	B

二、判断题

1	2	3	4	5	6	7	8	9	10
×	√	√	×	√	√	×	×	√	√
11	12	13	14	15	16	17	18	19	20
×	√	×	×	√	×	√	×	×	√

模拟三　　中级应知考核模拟试题Ⅲ参考答案

一、选择题

1	2	3	4	5	6	7	8	9	10
C	B	C	C	D	A	B	D	B	B
11	12	13	14	15	16	17	18	19	20
D	C	C	C	B	C	A	B	B	B
21	22	23	24	25	26	27	28	29	30
A	B	D	C	D	B	A	B	A	B
31	32	33	34	35	36	37	38	39	40
A	C	A	D	D	D	B	C	A	C
41	42	43	44	45	46	47	48	49	50
D	B	A	D	B	C	B	D	C	C
51	52	53	54	55	56	57	58	59	60
C	B	B	D	A	C	A	D	C	D
61	62	63	64	65	66	67	68	69	70
A	B	B	A	A	C	D	D	B	B
71	72	73	74	75	76	77	78	79	80
B	C	D	C	D	C	C	C	C	A

二、判断题

1	2	3	4	5	6	7	8	9	10
×	√	√	×	√	√	√	√	√	×
11	12	13	14	15	16	17	18	19	20
×	×	√	×	√	×	√	√	×	×

参 考 文 献

[1] 刘蔡保. 数控车床编程与操作 [M]. 北京：化学工业出版社，2009.

[2] 朱明松. 数控车床编程与操作项目教程 [M]. 北京：机械工业出版社，2008.

[3] 崔兆华. 数控车床加工工艺与编程操作 [M]. 南京：江苏教育出版社，2010.